数码摄影与摄像

主　编　王济军

副主编　王丽丽

上海交通大学出版社
SHANGHAI JIAO TONG UNIVERSITY PRESS

内容提要

本书着重让学生理解数码摄影和摄像的基础知识,帮助学生掌握基本的拍摄技能,培养其运用相关理论进行数码摄影与摄像的欣赏和创作能力。希望能为广大本科生提供最优的教材,同时希望能为数码摄影与摄像爱好者提供兼具专业性和通俗性的参考书。

图书在版编目(CIP)数据

数码摄影与摄像 / 王济军主编. —上海:上海交通大学出版社,2021.8
ISBN 978-7-313-24567-0

Ⅰ.①数… Ⅱ.①王… Ⅲ.①数字照相机–摄影技术–高等学校–教材 Ⅳ.①TB86②J41

中国版本图书馆CIP数据核字(2021)第124903号

数码摄影与摄像
SHUMA SHEYING YU SHEXIANG

主 编:	王济军			
出版发行:	上海交通大学出版社	地 址:	上海市番禺路951号
邮政编码:	200030	电 话:	021-64071208
印 制:	常熟市文化印刷有限公司	经 销:	全国新华书店
开 本:	787mm×1092mm 1/16	印 张:	14.5
字 数:	306千字		
版 次:	2021年8月第1版	印 次:	2021年8月第1次印刷
书 号:	ISBN 978-7-313-24567-0		
定 价:	59.00元		

前　言

随着科学技术的发展，一个处处使用图像传感器（CCD/CMOS）、电子像素和多媒体影像的时代正向我们走来。数码相机、数字摄像机成为人们当下记录生活、娱乐宣传、从事学术研究不可或缺的重要设备。

有人说，21世纪是数字影像的天下，被称为"图像化时代"。这里的数字影像包含数字图片和视频，也就是说由数码摄影和数字摄像产出的数码照片和视频。数码摄影因其数字化、所见即所得、环保无污染、传输快捷、处理方便、显示多样化、复制方便、保存永久等优点在21世纪初快速流行起来。数码摄影建立了一套完整崭新的技术体系，从拍摄、存储、传输到后期处理，用数字化的方式取代了传统的处理方式。数码摄像也因为同样的特点被人们所青睐，并广泛应用在各行各业中，如新闻报道、影视、广告、娱乐等领域，成为审美和价值产出的载体。

数码摄影和摄像为千家万户留下了美好的、温馨的、珍贵的记忆；也给人类艺术殿堂提供了不朽的作品和元素；同样为政治、经济、军事、教育、文化、医疗等各个领域提供了图像和技术支持；还以其独特的、无穷的魅力影响改变着整个世界的艺术发展轨迹和人们的生活方式。

因此，数码摄影和摄像的教材和学习资源显得尤为重要。当今市场上的数码摄影和摄像教材品种多样，但是有些教材过多地谈论摄影摄像器材和理论，很少涉及拍摄艺术和技法层面；有些教材虽然涉及拍摄技术和艺术，但比较宏观，缺乏实践指导意义；有些教材将摄影和摄像合并但逻辑显得混乱；有些虽然分开介绍但又相互孤立，不适合初学摄影摄像的人学习使用。

本书是在作者多年从事数码摄影和摄像教学和创作的过程中积累的丰富经验基础上编写而成的，是一本理论与实践相结合、摄影与摄像艺术技法相结合的教材。本书从摄影及摄像的基础知识讲起，逐渐上升到常见的艺术技法层面，适合初学者和具有一定基础的人使用。另外，本书图文并茂，大部分图片均是教学团队自己拍摄或制作，部分图片来自图片社或朋友授权，涉及肖像的均取得肖像使用权。每个章节后面都配有思考题和练习题，重视理论与实践的结合，方便教师为学生布置练习和实习任务。所选的案例经典论证深入浅出，具有实用性、艺术性和创新性。

本书由王济军任主编，王丽丽任副主编，修永富、高蓉蓉、刘淑霞、马莉、吴敏、宋灵青、孔祥旻、房萍、孔令娣、彭淑铃、张雪和王博参加编写。在编写过程中，本书参考了一些学者出版的专著、教材和发表的论文，其中也包括一些互联网和论坛资料等，在此向原作者一并表示感谢！由于时间仓促，加之编者水平有限，难免有不当之处，请读者批评指正。

目　录

第1章
数码摄影与数码相机

本章从摄影是什么开始,介绍摄影和数字摄影的发展简史,数码相机的结构与原理、功能和主要参数、数码相机的快门等。

 ## 1.1　摄影是什么

摄影一词的英文photograph源于希腊语 φῶς phos(光线)和 γραφι graphis(绘画、绘图)或 γραφή graphê,两字拼在一起的字面意思是"用光线绘图"。"摄影"是什么? 这是一个既简单又复杂的问题。简单来说,摄影就是我们口头上常说的照相,是指使用某种专门设备(照相机)进行影像拍摄(或记录),摄影过程就是物体所反射的光线使照相机中的感光介质曝光的过程。但是,如果全面地来看,摄影却是一门很复杂的学问,很难用一句话来概括,这里面涉及光学、化学、物理学、机械学、电子学、艺术学、美学等众多学科的知识。随着社会需求的发展和摄影理论与技术的提高,摄影已应用到我们社会生活的各个领域,诞生了摄影的诸多门类。

有人说,摄影是一门技术,这里面包括照相机的各种调试技术、暗房冲洗印制技术和电子技术。有人说,摄影是一门艺术,一门利用光线、影调(色调)、画面构图等造型手段来表现主题并求得其艺术形象的艺术。有人说,摄影是一种语言,一种用光影镜头来表达创作者意图的视觉语言,这种语言虽然无声,但有时却起到"此处无声胜有声"的效果。有的人也说,摄影是视觉传播的媒介,是人类视觉的延伸,是人类思考的方式,是情感表达的手段。还有人说,摄影是"艳遇",是拍摄者和"美"的一次艳遇;摄影是"猎奇",是拍摄者对生活和人生的猎奇;摄影是"武器",是向敌人和丑恶势力宣战的武器。

摄影到底是什么? 为"摄影"这个概念下一个定义真的不容易。或许,下面这一段来自美国纽约摄影学院唐·谢夫教授《我是一名摄影家》的独白可以让我们更加深刻地理解摄影。

纽约摄影学院的唐·谢夫教授在历届新生开学典礼上所做的一段独白:

不久的将来,总有一天,你会这样宣告:

不久的将来,总有一天,你会成为摄影大师中的佼佼者。

你会用摄影家独具的慧眼去审视这大千世界。

你会宣告:我是一名摄影家。

不久的将来,总有一天,有人也许会问我:

为什么你要当一名摄影家?

你将这样回答:

我要当一名摄影家,因为它使我融入周围的世界。

我要当一名摄影家,因为它使我得到心灵所需的甘露……和餐桌上必备的面包。

我要当一名摄影家,因为它使我有能力观察人间万象并记录下人类的伟大成就……

我见过那自由的大地……和勇敢者的家园;

我也见过生命喜降人间……和撒手人寰;

我曾见过充满生机的孩童穿街而过,也见过朝圣的身影跨越旷野;

我曾记录下建设者用双手创造的繁荣,也见证过破坏者留下的满目疮痍;

我曾拍下人们欢乐的笑容和他们心酸的眼泪;

我也曾记录下儿时的纯真与世故复杂的人生;

我曾记录下美丽的身躯和纯洁的心灵,

也曾拍摄过辛勤劳动的人们和他们轻松的游戏;

我摄下了大自然的奇观瑰景和人类建造的奇迹。

我摄下了美丽的万物还有美好的人们。

啊!这一切——我眼中的世界,尽在我的记录之中。

我是一名摄影家![1]

 1.2 摄影简史

一般认为摄影术诞生于1839年,是法国的路易·达盖尔发明了摄影术。但是在这之前,科学家们为了探索摄影术走过了很长的路程。让我们看看摄影的历史吧。

1. 小孔成像与摄影原理的发现

用一个带有小孔的板遮挡放在燃烧的蜡烛和光屏之间,光屏上就会形成蜡烛火焰的倒影,我们把这样的现象叫小孔成像(见图1-1)。

---

[1] 注:引自《美国纽约摄影学院摄影教材》,中国摄影出版社,2000年3月出版。

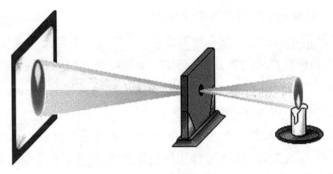

图1-1 小孔成像

早在2 400多年前的战国时期，我国的学者墨翟（墨子）和他的学生，就做了世界上第一个小孔成倒像的实验。他们在一间黑暗小屋朝阳的墙上开一个小孔，人对着小孔站在屋外，屋里相对的墙上就出现了一个倒立的人影。墨子解释了小孔成倒像的原因，指出了光的直线传播的性质。这是世界上对光直线传播的第一次科学解释，在《墨经》中记录了这样的现象："景到，在午有端，与景长。说在端。""景，光之人，煦若射，下者之人也高；高者之人也下。足蔽下光，故成景于上；首蔽上光，故成景于下。在远近有端，与于光，故景库内也。"[1]

现在的照相机就是利用了小孔成像的原理，把透镜（主要包含凸透镜，也有凹透镜）装在针孔的位置上替代针孔即为镜头。镜头上可以开启不同直径的小孔（光圈），以保证光线透过，调整焦距并对焦，使来自景物的反射光线通过镜头进入照相机暗室，使胶片上的感光乳剂（或数码相机的图像感应器）感光，从而生成影像并记录在存储介质上（胶片或存储卡上）。

胶片照相机的摄影成像原理如图1-2所示。

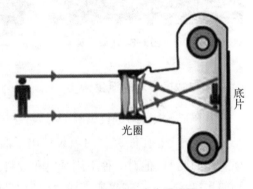

图1-2 照相机成像原理图

2. 日光蚀刻法摄影

虽然早在2 400多年前，墨子就发现了小孔成像这一摄影术的原理，但在当时的条件下，影像无法被保留下来，这成为阻碍摄影产生的重要原因。16世纪欧洲文艺复兴时期，达·芬奇根据针孔成像的原理绘制了暗箱的草图。接着，17世纪欧洲的一些画家也利用针孔成像原理制造了绘画暗箱，这种暗箱可以把外界景物折射到箱子内部的玻璃板上，画家就可以根据玻璃板上的影子勾描影像的轮廓，即"光画"。这促使了一大批科学家来研

[1] 注：转引自高亨《墨经校诠·经说下》，科学出版社，1958年3月出版。

究如何将暗箱里的光影记录并留存下来的方法。

1800年英国的韦奇伍德将硝酸银涂在皮革上,再放上不透光的树叶,然后用阳光照射皮革,皮革没有被树叶覆盖的地方慢慢变黑,被树叶覆盖的地方则出现了白色的影子,这样就制作了一幅"阳光树叶"图片。但是,由于不能防止仍有感光能力的白色影子变黑,所以"阳光树叶"因不能保存最终全部变成黑色。

从1793年起,法国的发明家尼·埃普斯开始从事用感光材料做永久地保存影像的试验。1816年,尼·埃普斯经过研究,曾用氯化银感光纸记录了一个非永久性的黑白负像。接着,他又用白沥青涂在铅锡合金板上,将合金板放在暗箱中,经长时间(大约8个小时)的曝光使沥青硬化,再用薰衣草油溶解洗去没有硬化的部分,得到与原物相似的正像。1825年,他委托法国光学仪器商人查尔斯·塞福尔为他的照相暗盒制作光学镜片。

图1-3 《鸽子窝》

1826年的一天,尼·埃普斯在白蜡板上敷上一层薄沥青,然后利用阳光和原始镜头,拍摄下窗外的景色。经过长达八小时的曝光时间和薰衣草油的冲洗,他获得了人类历史上拍摄并能够保存下来的第一幅永久性照片《鸽子窝》,又名《窗外景色》。如图1-3所示。

3. 银版摄影术的诞生

就在尼·埃普斯进行试验的时候,法国的路易·达盖尔也在从事类似的研究。达盖尔是一位艺术家,在他35岁时就设计出了西洋镜,用特殊的光效应展示全景画。在从事这项工作的同时,他对一种不用画笔和颜料就能自动再现世界的景色装置——换句话说就是照相机——产生了兴趣。1827年他遇见尼·埃普斯,两年后他们合作共同研究摄影的感光材料,取得了很大进展。1833年尼·埃普斯逝世,但是达盖尔仍在继续努力。1837年他成功地发明了一种实用的摄影术,他用镀有薄银的铜板浸入碘溶液中获得碘化银,接着使它曝光二三十分钟,然后在曝光的铜板上熏以水银蒸气(汞在75℃时的形态),再用食盐溶液定影,便得到了影像。这种方法叫作银版摄影术。达盖尔根据此方法制成了世界上第一台照相机。他的照相机与我们今天使用的照相机基本类似,由镜头、光圈、快门、取景器和暗箱等部分组成。如图1-4所示。

1839年,法国政府买下该发明的专利权,并于同年8月19日在法国科学院和美术学院联合集会上正式公布,因此这一天被定为摄影术的诞生日。达盖尔摄影术迅速得以广泛使用,介绍摄影术的小册子也被翻译成各种语言向各国传播。

图1-4　达盖尔和他发明的照相机

4. 卡罗式摄影法

作为摄影术另一个重要的创始人，英国人威廉·亨利·福克斯·塔尔博特早在1834年就开始致力于在感光材料上呈现出影像的研究。他在1835年曾经用相机拍摄光影并用直接接触法印制影像，但当时他并没有公布于众，而是将他的研究搁置一旁，转而研究光学和光谱分析学。直到看到达盖尔银版摄影术以后，他才向英国皇家学院展出了他在1835年的作品和技术工艺。与达盖尔式摄影法所拍摄的影像相比，塔尔博特的作品拥有更多的细节，并且曝光时间也更短，加之塔尔博特意识到他的技术具备更多的技术优势，便促使他继续开展试验，不久之后就获得了更为完善的负-正法处理工艺，他把这一方法称为卡罗式摄影法，由此产生了可多次复制的胶片，奠定了现代摄影负转正的摄影工艺流程。1841年塔尔博特正式在英国申请了卡罗式摄影法的专利。

另外，在摄影术发明的过程中，我们不得不提到一个重要人物——英国著名的科学家约翰·赫歇尔。赫歇尔是塔尔博特的朋友，他在1819年发现了大苏打（硫代硫酸钠）能作为溴化银的定影剂，可以去除未曝光的银盐。赫歇尔无私地将自己的发现公布之后，达盖尔和塔尔博特将食盐改用大苏打作为定影剂，有效地固定了影像，完善了各自的摄影术发明。此外，赫歇尔还建议塔尔博特将"光绘"（photogenic drawing）改称"摄影"（photography），并命名了"负像/底片"（negative）、"正像/正片"（positive）这两个"卡罗法摄影术"的基础名词，至今还在使用。

5. 摄影术的发展

达盖尔发明了"银版"摄影术以后，摄影术不断发展，先后又经历了湿版、干版、胶片和数码等不同的阶段。下面简要介绍一下湿版、干版和胶片这三个阶段的发展。

1851年，英国的雕塑家、摄影家阿切尔用火棉胶银盐涂布在玻璃板上，发明了湿版摄影术。这种湿版用玻璃板代替了金属版，其制版、曝光、显影和定影可以在现场完成，只需要十几分钟的时间,其曝光时间比达盖尔的银版和塔尔博特的卡罗式都要短,而且清晰度比较高,可以复制照片。因此几年之内,银版法就被湿版所取代了,从此摄影进入了湿版时代,直到1871年。

1871年,英国的一个医生也是业余摄影家马杜克斯发明了溴化银明胶干版法,这种方法采用动物胶代替火棉胶,与溴化银混合起来作为感光物质。干版的感光能力比以前材料的感光能力大大提高,最高拍摄速度可以达到1/25 s。

1880年,美国的发明家乔治·伊斯曼在美国纽约罗切斯特的士德街制作并销售干版,接着他发明了滚轴金属版取代玻璃版。1888年,伊斯曼注册了Kodak商标,1901年成立了柯达公司,生产感光材料和照相器材。

1914年,德国"徕兹"显微镜工场设计师奥斯卡·巴尔纳克尝试制作使用电影胶片双倍规格的(24 mm×36 mm;135型)相机(电影片规格为18 mm×24 mm),并于1924年开始销售莱卡(Leica)相机。135规格日后成为最为普及的胶片规格,它大大缩小了相机体积,使得摄影主流转向纪实摄影,并迅速被大众接受。

1935年,柯达公司生产出了彩色胶卷,开启了彩色摄影的时代。

 1.3 数码摄影

1. 数码摄影的产生与发展

20世纪80年代,随着大规模集成电路和数字信息技术等现代科技的高速发展,数码摄影出现了。数码摄影采用数码照相机拍摄景物,是一种利用计算机等数字设备进行加工处理的新型摄影方式。数码照相机是一种利用电子传感器(主要有CCD电荷耦合器件或CMOS互补金属氧化物半导体)把光学影像转换成电子数据的照相机。

早在1975年,斯蒂文·赛尚在美国纽约罗彻斯特的柯达实验室中,通过CCD传感器获取了一个孩子与小狗的黑白图像,并将之记录在盒式音频磁带上,拍摄了世界上第一张数码照片。这是世界上第一台数码相机的原型,由此赛尚被人们称为"数码相机之父"。该相机通过拥有1万像素的CCD传感器拍摄画面,拍摄完毕后画面经过数字化处理并存储到相机的内存缓冲区中,再进一步记录到盒式磁带上。第一台数码相机的诞生标志着数码摄影的开始。

1981年,索尼公司推出了第一台针对民用的数码相机——MAVICA(马维卡),该相机使用了10 mm×12 mm的CCD感光器,分辨率达到570×490像素,从此开启了数码相机行业的革命。

20世纪80年代,松下、富士、东芝、佳能、尼康、奥林巴斯、柯尼卡等公司也纷纷开始研制数码相机,相继推出了不同的数码相机产品。1990年,柯达推出了DCS100数码相机,这是一款集成度高、兼容性好、操控界面方便的数码相机,首次在世界上确立了数码相机的一般模式和业内标准。

1995年，柯达发布了消费型数码相机DC40，标志着数码相机民用市场的启动。1996年，数码相机的像素已经达到了81万，数码相机的推出大大刺激了普通大众的兴趣和消费，数码摄影开始在人们生活中流行。

2001年，康泰斯公司发布了世界上第一台全画幅数码照相机N Digital，一年后佳能和柯达也分别发布了自己的第一台数码全画幅相机，佳能 EOS 1Ds（2002）和柯达 DCS Pro 14n（2003）。2008年，佳能公司发布了重量级的全画幅数码相机 5D Mark Ⅱ，从此全画幅数码摄影深入人心。

2. 数码摄影的特性

1）信息数字化

数码摄影的最大特性和优势在于它的信息数字化。数码摄影建立了一套完整崭新的技术体系，包括拍摄、存储、传输和后期处理等，用数字化的方式取代了传统的化学和物理处理方式。数码摄影采用图像感应器来感应光线，将光信号转换为电信号，再经过模数转换器转换成数字信号。在将画面信号数字化的过程中，模数转换器需要经过采样、保持、量化和编码四个基本过程。在存储方面，数码相机使用指定的文件格式将画面以二进制的形式记录到存储卡上。在传输方面，数码摄影可以借助遍及全球的数字通信网即时传送。

2）所见即所得

数码摄影采用数码照相机拍摄影像，数码相机一般都配有LCD液晶显示屏。在拍摄取景时，可以切换取景器和LCD屏的显示，在按下快门之前随时可在数码相机的屏幕上观察拍摄效果，如果满意则按下快门，如果不满意，则继续变焦或者从其他角度取景和构图，直到拍到满意的照片为止，因此数码摄影能够实现所见即所得式拍摄。

3）环保无污染

数码摄影不用胶片拍摄，不采用化学药液进行显影和定影，采用储存卡也不是采用传统相纸来存储影像，因此在整个数码摄影的过程中，不会造成化学污染，有利于环境保护。

4）传输快捷，处理方便

数码摄影以数字信号的形式在互联网上传输，快速便捷，也可在电脑上进行多功能全方位的常规影像处理和特技处理。现在很多数码相机带有WiFi功能，可以将拍摄的照片直接传输到与其连接的设备。数码摄影的这种优势在当今新闻摄影中具有特殊的意义，摄影记者无论在什么地方，都可以将拍摄的新闻图片及时传送给报社或媒体中心，进行即时信息发布，这是胶片摄影所无法比拟的。

5）显示多样化

记录在储存卡上的数码影像既可通过彩色打印机打出彩色照片，也可通过计算机、投影仪和电视机屏幕、手机等多种途径观看欣赏。数码影像也可以刻录到光盘上，通过DVD连接电视播放观看，其显示方式具有多样化的个性特点。

6）复制方便，保存永久

数字影像是以二进制形式保存的，只要文件数据不被破坏和修改，复制后的画面与原文件完全一致，不存在信息的丢失和衰减，复制极为方便。只要保存介质不发生损坏便可以永久保存。同时随着云计算技术的发展，出现了很多用于存储文件的云盘，将数码照片存储在云盘上，既可以在网络条件下随时同步更新，也能随时随地浏览或使用，真正实现永久性保存。

 1.4 数码照相机

"工欲善其事，必先利其器"。要利用好数码相机拍摄出好的摄影作品，需要先了解数码相机。本节主要介绍数码照相机的种类、结构和工作原理。

1. 数码相机的种类

数码相机的发展经历了很多技术更新，按照不同的标准进行分类，可以得到不同类别的数码相机。

1）按照图像传感器分类

图像传感器是数码相机感受光线将光信号转变成电子信号的装置，也称为感光元件。数码相机按图像传感器来划分主要有两类：一类是CCD数码相机，一类是CMOS数码相机。下面来介绍这两种数码相机的特点：

（1）CCD数码相机。这类数码相机以电子耦合器件（charged coupled device，CCD）作为图像感应器。CCD是一种半导体电子器件，由许多独立的光电二极管排列成列阵。当来自相机镜头的光线照射在CCD上时，它能感应光线并将光线变成电子信号输出，再经过A/D转换器转换成数字信号，每个数字对应一个像素点（pixel）。经过运算处理后，每个数字代表了一个像素点的色彩与明暗，这样上百万个像素点的集合就构成了一幅照片，经过存储电路的处理，照片就可以存储在载体上。

CCD的分辨率比较高，动态范围大，因此画面的品质较高。但因其制作工艺复杂，产量低，成本高，耗电量大，所以CCD数码相机在一定时期内价格偏高。

（2）CMOS数码相机。这类数码相机以互补金属氧化物半导体（complementary metal-oxide-semiconductor，CMOS）作为图像感应器。CMOS与数字电路整合在一起做成一个芯片，结构简单，比较省电，制作难度低，反应速度快，在价格上比CCD有更大的优势。经过数十年的发展，目前CMOS感应器与CCD感应器在成像质量之间的差距越来越小，在未来的数码相机市场上，CMOS数码相机将占据主流。

2）按照图像感应器的大小分类

按照图像感应器的大小，可以将数码相机分为中画幅、全画幅、APS画幅、4/3系统、2/3和1/1.8英寸画面的数码相机。

（1）中画幅数码相机。中画幅数码相机是高挡专业机，其图像感应器尺寸大于全画幅（36 mm×24 mm），如哈苏H5X数码相机图像传感器的大小是56 mm×41.5 mm，这类数码相机都为专业人士所使用，价格昂贵。比如哈苏、飞思、潘泰克斯等，如图1-5所示。

（2）全画幅数码相机。全画幅是针对传统35 mm胶卷的尺寸来说的，它的图像感应器约为36 mm×24 mm左右，大多采用CMOS芯片，是专业级的数码相机。如5D markII就是佳能公司推出的一款全画幅数码相机，如图1-6所示。

图1-5　哈苏H5X数码相机　　　图1-6　佳能5D mark II全画幅数码单反相机

（3）APS画幅数码相机。APS画幅数码相机的感光传感器面积与APS胶卷的画幅相当，既有用CCD器件的，也有用CMOS芯片的。不同厂家的称谓不同，尼康称作DX幅面，佳能和其他厂家称为APS-H和APS-C两种规格。其中APS-H规格的数码相机的感光元件是28.7 mm×17.8 mm，属于专业相机。APS-C规格的数码相机的感光元件约为22.7 mm×15.5 mm，分为准专业机和入门机。

（4）其他画幅数码相机。其他画幅相机有4/3画幅数码相机、2/3英寸和1/1.8英寸数码相机。4/3画幅数码相机是由奥林巴斯、柯达和富士推出的一款数码机型，感光元件约为18.0 mm×13.5 mm，大约是135底片的一半。2/3英寸和1/1.8英寸数码相机，这两种数码相机一般都为普通民用型。为了降低成本和价格，这种相机减小了感光器件的大小。2/3英寸数码相机的CCD大小一般为8.8 mm×6.6 mm左右，1/1.8英寸数码相机的CCD大小一般为7.18 mm×5.32 mm。

3）按照是否有光学取景方式分类

按照是否有光学取景方式，可以将数码相机分为无光学取景数码相机和光学取景数码相机两种。其中无光学取景数码相机根据是否可以更换镜头分为便携数码相机、微单相机和单电相机；光学取景数码相机可以根据取景和拍摄光路是否共用分为数码单反相机、数码旁轴相机。

（1）便携式数码相机。便携式数码相机一般都属于家用消费类别，这类相机不采用光学取景，也不能更换镜头，有卡片数码相机和长焦数码相机之分。

卡片数码相机轻薄美观,便于携带,其感光元件的大小一般都在1/1.8英寸左右,具有大屏幕液晶显示屏。这类相机具有最基本的曝光补偿功能,还具备区域测光和点测光模式,操作便捷;但是手动功能薄弱,光学变焦能力差,如图1-7所示。

图1-7　消费类卡片数码相机

长焦数码相机指的是具有较大光学变焦倍数的机型,镜头在照相机体外。常见的有富士HS22数码相机、索尼HX400数码相机等,如图1-8、图1-9所示。这类相机的主要特点是焦距长,变焦范围大,可以达到30～50倍光学变焦,因此拍摄远处的景物时,可以压缩空间,有较好的浅景深表现。长焦数码相机还有接近单反的操作手感,是入门练习的好选择。

图1-8　HS22数码相机　　　　图1-9　索尼HX400数码相机

(2)微单数码相机。微单数码相机是不采用光学取景,但无反光镜可以更换镜头的机型。2010年6月,索尼首推"微单"相机——NEX-5和NEX-3,如图1-10、图1-11所示。微单,包含两个意思:微,微型小巧,单就是可更换式单镜头相机,也就是说这个词表示这种相机有小巧的体积和单反一般的画质,即微型小巧且具有单反性能的相机称之为微单相机。普通的卡片式数码相机很时尚,但受制于光圈和镜头尺寸,总有些美景无法拍摄;而专业的单反相机过于笨重。于是,博采两者之长,微单相机应运而生。

图1-10　索尼NEX-5

图1-11　索尼NEX-3

微单去掉了单反中的反光板及机顶取景系统，修改了单反中的对焦系统，没有了反光板就意味着没有光线的反射，所以就无法直接通过镜头看到景物，这样的情况下只好另外开一个取景窗，或者同卡片机一样通过LCD取景。微单对焦使用的是反差对焦，反差式对焦在对焦过程中需反复检测对比度，会比单反的相位式对焦慢一点。但反差式对焦的优点是不会跑焦，而且也不需要十字、双十字对焦点就能实现准确对焦，这项技术的提升为微单产品增加了不少色彩。

（3）单电数码相机。单电数码相机是一个新型词语，指采用电子取景器（EVF）且具有数码单反功能的相机。这类相机也不采用光学取景，但是有反光镜，可更换镜头，具备快速相位检测自动对焦功能。其感光元件小于APS-C，但大于卡片数码相机的感光元件。

2010年8月，索尼首推数码单电相机——SLT-A55和SLT-A33，如图1-12、图1-13所示。"单电相机"具有类似数码单反相机的专业外形，采用独特的固定式半透镜技术，从而在秉承数码单反优秀成像效果的同时，能够兼具全时快速相位检测自动对焦和所见即所得的电子取景效果。其采用的固定式半透镜技术（translucent mirror technology）有效避免了传统数码单反相机在拍摄时由于反光镜抬升和下降所造成的振动以及在此期间无法进行相位检测自动对焦的缺点。单电相机的缺点是在高ISO下存在相对较大

图1-12　索尼SLT-A55单电相机

图1-13　索尼SLT-A33单电相机

的噪点。

（4）数码单反相机。数码单反相机（digital single lens reflex，DSLR）就是单镜头反光数码照相机，这是当今最流行的取景系统，大多数35 mm照相机都采用这种取景器。在这种系统中，反光镜和棱镜的独到设计使得摄影者可以从取景器中直接观察到通过镜头的影像。光线透过镜头到达反光镜后，反射到上面的对焦屏并形成影像，透过接目镜和五棱镜，我们可以在取景窗中看到外面的景物。当按下快门时反光镜便会往上弹起，软片前面的快门幕帘便同时打开，通过镜头的光线（影像）投影到软片上使胶片感光，而后反光镜便立即恢复原状，观景窗中再次可以看到影像。单镜头反光相机的这种构造，确定了它是完全透过镜头对焦拍摄的，它能使观景窗中所看到的影像与胶片上基本一致。如图1-14所示。数码单反相机的一个很大的特点就是可以更换镜头，满足多种拍摄需要。这是单反相机天生的优点，是普通数码相机不能比拟的。但此类相机一般体积较大，且比较重。

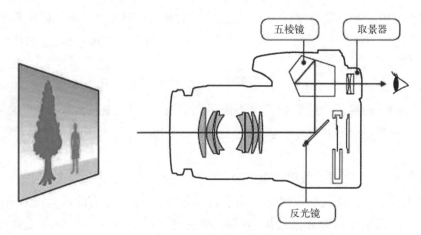

图1-14　数码单反相机的光路图

2. 数码相机的结构

数码相机由光学镜头和机身两大部分组成，其中机身包括光电转换部分（CCD或CMOS）、信号处理部分、数据压缩部分、存储与输出部分、电源和中央控制器。如图1-15所示。

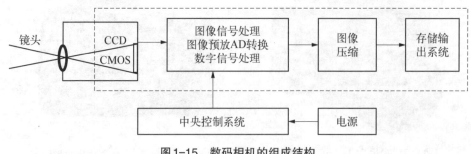

图1-15　数码相机的组成结构

1）光学镜头

镜头是数码相机最重要的部件，其作用是使来自被摄物的光线通过，在焦平面上形成清晰的画面。根据用途或焦距的大小，可以将镜头分为广角镜头、标准镜头、中焦镜头、长焦镜头等，关于不同镜头的造型特征等内容会在第3章中详细讲解。

2）光电转换部分

CCD或CMOS图像传感器是光电转换部分的核心，主要任务是将图像从光信号转换为电信号，起到胶片相机中胶卷的作用。

3）图像信号处理电路

图像信号处理电路也称为主信号处理电路，主要包括图像预放电路、模/数（A/D）转换器和数字信号处理器（DSP）三部分。其主要作用是对捕捉的图像进行放大降噪、模/数转换、图像处理、白平衡处理和色彩校正等。

（1）图像预放电路。由于图像传感器输出的图像信号电平比较小，其中还混有很多干扰和噪声，因此需要在后面接一个预放电路，对图像信号进行放大，并将图像信号中的亮度和色度信号进行处理，以及消除噪声。

（2）A/D转换器。预放电路送来的信号是模拟信号，A/D转换器的功能就是将模拟信号转换为数字信号，并送到数字信号处理电路中进一步处理。A/D转换器有两个重要的性能指标：采样频率和量化精度。采样频率是A/D转换器在转换过程中每秒可以达到的采样次数。量化精度是指每次采样可以达到的离散的电平等级，即所能达到的精度。一般中挡数码相机的量化精度为16位或24位，高挡相机可以达到36位。

（3）数字信号处理器。数字信号处理器主要是运用数字信号处理的方法进行亮度、色度信号的分离以及色度信号的形成和编码，最终输出两组数字信号，即亮度和色度数字信号。

4）图像数据压缩电路

图像数据压缩电路主要完成数据的压缩存储，其目的是为了节省存储空间。目前大多数数码相机采用的压缩格式为JPG格式，还有的采用TIFF格式，或者RAW格式。JPG是有损压缩，TIFF是无损压缩，用于出版等领域，RAW格式是原始数据。

5）存储与输出系统

存储系统主要包括图像记录再生电路，其任务是把经过数字处理、压缩后的信号以规定的格式记录到存储卡上。输出系统主要完成数字图像信号的输出显示，包括LCD显示屏的回放和各信号接口的图像输出。

6）机能控制部分

机能控制部分是由一套完善的总线控制电路组成的，它是整合数码相机的管家，通过主控程序完成对相机的所有部件及任务的统一管理，从而实现多种运算和逻辑操作功能，如测光、自动聚焦控制等。

3. 数码相机的工作原理

数码相机的工作原理与传统胶片相机有着明显的区别,传统相机使用银盐感光材料,感光时形成以银颗粒聚集的潜影,经过显影和定影生成固定影像。而数码相机使用图像传感器进行感光,并通过DSP把拍摄的画面转换为以数字形式存储的画面。

以CCD图像传感器为例,它是一个指甲大小的硅晶片,上面包含成千上万个感光二极管,这些二极管就相当于胶片上的卤化银颗粒。每个二极管都可以记录下照射到该点上的光线的亮度和色度,这些二极管能聚集由硅晶片释放的电子,光照强的二极管接收电子较多,光照弱的二极管接收电子较少。CCD将这些二极管记录下的光线的亮度和色度信号转换为高低电平的电信号,再经过A/D转换器转换为数字信号,然后经过数字处理电路进行压缩存储,并按照指定的文件格式将其记录到载体上,这便产生了数字照片。存储载体上的数据可以输入计算机,进行处理、传输和打印等。如图1-16所示。

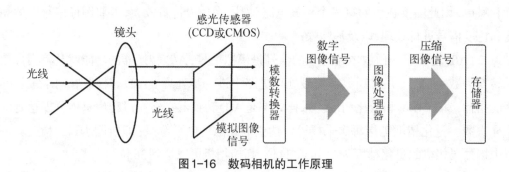

图1-16 数码相机的工作原理

4. 数码相机的主要参数

数码相机的参数有很多,主要包括感光器件的大小、像素数、分辨率、光学变焦和数码变焦、色彩深度、感光度、噪点、光学防抖、白平衡等。其中图像传感器的大小和分辨率是衡量数码相机性能的重要指标。

1)感光器件的大小

感光器件的大小即物理尺寸是衡量数码相机挡次的主要参数之一,也是划分数码相机等级的重要依据。数码相机的CCD/CMOS尺寸越大,感光面积越大,捕获的光子越多,感光性能越好,信噪比越高。感光器件尺寸越大,制作成本越高,因此全画幅和中画幅的高挡专业机的售价自然昂贵。常见的CCD/CMOS尺寸目前有:1/2.7英寸、1/1.8英寸、2/3英寸、4/3系统、APS画幅、全画幅和中画幅等。

2)像素数

数码图片的储存方式一般以像素为单位,每个像素是数码图片里面积最小的单位。数码相机的像素数有最大像素数和有效像素数之分。

最大像素(maximum pixels)是经过插值运算后获得的。插值运算通过设在数码相机内部的DSP芯片,在需要放大图像时用最邻近法插值、线性插值等运算方法,在图像内添加图像放大后所需要增加的像素。插值运算后获得的图像质量不能够与真正感光成像的图像相比。最大像素是通过数码相机内部运算而得出的值,在打印图片的时候,其画质的减损会十分明显。所以在购买数码相机的时候,看有效像素才是最重要的。

有效像素数(effective pixels)与最大像素不同,有效像素数是指真正参与感光成像的像素值。最高像素的数值是感光器件的真实像素,这个数据通常包含感光器件的非成像部分,而有效像素是在镜头变焦倍率下所换算出来的值。以美能达的DiMAGE7为例,其CCD像素为524万(5.24 mega pixels),因为CCD有一部分并不参与成像,有效像素只为490万。

像素越大,图片的面积越大。要增加一个图片的面积大小,如果没有更多的光进入感光器件,唯一的办法就是把像素的面积增大,这样一来,可能会影响图片的锐度和清晰度。所以,在像素面积不变的情况下,数码相机能获得最大的图片像素,即为有效像素。

3)分辨率

分辨率是用于度量位图图像内数据量多少的一个参数。通常表示成ppi(每英寸像素pixel per inch)和dpi(每英寸点)。包含的数据越多,图形文件的长度就越大,也能表现更丰富的细节。但更大的文件也需要耗用更多的计算机资源、更多的内存和更大的硬盘空间等。此外,假如图像包含的数据不够充分(图形分辨率较低),就会显得相当粗糙,特别是把图像放大为一个较大尺寸观看时。通常,分辨率可被表示成每一个方向上的像素数量,比如640×480等。而在某些情况下,它也可以同时表示成"每英寸像素"以及图形的长度和宽度。比如72 ppi,8×6。ppi和dpi经常都会出现混用现象。从技术角度说,"像素"(p)用于计算机显示领域,而"点"(d)用于打印或印刷领域。

分辨率和图像的像素有直接的关系,一张分辨率为640×480的图片,它的分辨率就达到了307 200像素,也就是我们常说的30万像素,而一张分辨率为1 600×1 200的图片,它的像素就是200万。这样,我们就可知道,分辨率的两个数字表示的是图片在长和宽上占的点数的单位。

数码相机的分辨率有不同的大小。其中最高分辨率是数码相机能够拍摄最大图片的面积。在相同尺寸的照片(位图)下,分辨率越大,图片的面积越大,文件(容量)也越大。在成像的两组数字中,前者为图片的长度,后者为图片的宽度,两者相乘得出的是图片的像素。长宽比一般为4∶3。在大部分数码相机内,可以选择不同的分辨率拍摄图片。一台数码相机的像素越高,其图片的分辨率越大。

4)光学变焦和数码变焦

数码相机依靠光学镜头结构来实现变焦(optical zoom),变焦是通过镜头、物体和焦点三者的位置发生变化而实现的。数码相机的光学变焦方式与传统35 mm相机差不多,就是通过镜片移动来放大与缩小需要拍摄的景物,光学变焦倍数越大,能拍摄的景物就越远。

当成像面在水平方向运动的时候（见图1-17），视觉和焦距就会发生变化，更远的景物变得更清晰，让人感到向物体递进的感觉，这就是光学变焦。

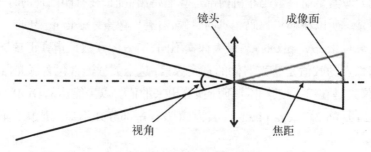

图1-17 光学变焦示意图

显而易见，要改变视角有两种办法，一种是改变镜头的焦距，通过改变变焦镜头中各镜片的相对位置来改变镜头的焦距。另一种就是改变成像面的大小，即成像面的对角线长短。在目前的数码摄影中，这就叫作数码变焦。

如今的数码相机的光学变焦倍数大多在2～5倍之间，即可把10 m以外的物体拉近至5～3 m近；也有一些数码相机拥有10倍的光学变焦效果。家用摄录机的光学变焦倍数为10～22倍，能比较清楚地拍到70 m外的东西。

数码变焦也称为数字变焦（digital zoom），数码变焦是通过数码相机内的处理器，把图片内的每个像素面积增大，从而达到放大的目的。这种手法如同用图像处理软件把图片的面积改大，不过程序在数码相机内进行，把原来CCD影像感应器上的一部分像素使用"插值"处理手段放大，将CCD影像感应器上的像素用插值算法将画面放大到整个画面。实际上数码变焦并没有改变镜头的焦距，只是通过改变成像面对角线的长度来放大了影像，从而产生了相当于镜头焦距变化的效果。如图1-18所示。

与光学变焦不同，数码变焦是通过感光器件垂直方向上的变化而给人以变焦效果的。感光器件上的面积越小，视觉上就会让用户只看见景物的局部。但是由于焦距没有变化，

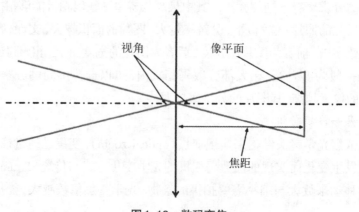

图1-18 数码变焦

所以图像质量相对于正常情况会较差。

通过数码变焦,拍摄的景物放大了,但它的清晰度会有一定程度的下降,所以数码变焦并没有太大的实际意义。

5)色彩深度

色彩深度又称为色彩位数、色深位,它反映了数码相机的色彩分辨能力,其值越高,就越能更加真实地还原画面色彩变化的细节,换句话说,其成像的色彩质量就越高。数码相机通常采用R、G、B三基色通道,在此通道中每一种颜色为n位,总的色彩深度即为$3 \times n$,可以分辨的颜色总数为2^{3n}。普通数码摄影采用24位色彩深度的数码相机就能满足,它能表示的颜色种类有16 777 216种。而商业摄影或专业摄影一般应选用30位甚至更高色彩深度的数码相机。

6)感光度

数码相机的感光度(ISO)即图像感应器件感受光线快慢的能力,是根据传统胶片的感光度等效转换而来的。感光度越高,对光线的要求就越低,ISO800的感光速度是ISO400的2倍,即相同条件下,前者的曝光时间为后者的1/2。在暗弱光线下拍摄,高感光度可以提高快门速度拍摄;在体育摄影、新闻摄影和纪实摄影中,有时需要提高快门速度抓拍,如果现场光线暗,可以通过提高ISO来获得理想的曝光量。目前专业数码相机的感光度可以达到12 800。

数码相机的ISO是通过调整感光器件的灵敏度或者合并感光点来实现的,也就是说是通过提升感光器件的光线敏感度或者合并几个相邻的感光点来达到提升ISO的目的。但每个感光器件都有一个反应能力,这个反应能力是固定不变的,提升数码相机的ISO是通过两种方式实现的:① 强行提高每个像素点的亮度和对比度;② 使用多个像素点共同完成原来只要一个像素点来完成的任务。不管怎样,数码相机提升ISO以后对画质的损失很大,会出现噪点,尤其感光器件面积较小时,提升ISO造成的影响会更大。

7)噪点

数码相机的噪点也称为噪声,主要是指图像传感器将光线作为接收信号接收并输出的过程中所产生的图像中的粗糙部分,也指图像中不该出现的外来像素,通常由电子干扰产生。看起来就像图像被弄脏了,布满一些细小的糙点。噪点的多少是衡量图像传感器性能的重要指标。

噪点产生的原因,主要有以下几个方面:

(1)图像传感器自身由于面积小等原因产生的噪点。

(2)像素点密度过大,导致像素和像素之间产生的噪点。

(3)在光电转换过程中,精度不高产生的噪点。

(4)长时间曝光产生的图像噪点,比如,夜景拍摄时产生的图像噪点。

(5)使用高感光度产生的噪点。

(6)使用JPEG格式对图像压缩而产生的噪点。

（7）模糊过滤造成的图像噪点。

8）光学防抖

光学防抖是数码相机的一个重要参数，它是依靠特殊的镜头或者CCD感光元件的结构最大限度地降低操作者在使用过程中由于抖动造成影像的不稳定。在实际拍摄中拍摄者手的抖动是客观存在的。光学防抖并不是让机身不抖动，而是靠特殊的机构来减小由于摄影者手的抖动带来的影像模糊。

光学防抖技术的代表性厂商是佳能和尼康。现在以佳能为例来谈谈光学防抖的原理。佳能的光学防抖技术是由镜头内的陀螺仪监测到微小的移动后将信号传至微处理器，并立即计算需要补偿的位移量，然后通过补偿镜片组，根据镜头的抖动方向及位移量加以补偿，从而有效地克服因相机的振动产生的影像模糊。佳能的IS系统仅需要极短的时间就可完成IS镜片组的移动，效果非常好。通常能有效预防快门时间短于1/60 s范围之内的抖动。

9）白平衡

不同的光源其色温是不一样的，对于彩色数码摄影来说，可能会造成偏色。例如以钨丝灯（电灯泡）照明的环境拍出的照片可能偏黄，一般来说，CCD/CMOS没有办法像人眼一样会自动修正光线色温的改变。这种因色温不同而在拍摄的画面上出现的偏色现象，后期难以校正，因此数码相机上设有白平衡调节功能，以对光源的色温进行校正，使所拍画面的色彩能够得到真实还原。

白平衡（white balance）就是无论环境光线如何让数码相机默认"白色"，就是让它能认出白色而去平衡其他颜色在有色光线下的色调。正常光线下看起来是白颜色的东西在较暗的光线下看起来可能就不是白色，还有荧光灯下的"白"也是"非白"。对于这一切如果能调整白平衡，则在所得到的照片中就能正确地以"白"为基色来还原其他颜色。现在绝大多数的数码相机均提供白平衡调节功能。一般白平衡有多种模式，适应不同的场景拍摄，如自动白平衡、钨丝灯白平衡、荧光白平衡、日光白平衡、阴天白平衡、阴影白平衡以及自定义白平衡等。

 ## 1.5 数码相机的快门

快门又叫光门。快门是存在于光圈和感光材料之间的部件。形象一点说，它决定着光与感光介质接触的时间长短。所以，快门控制的是总曝光量公式里面的"曝光时间"变量。快门经常和速度联系在一起。通常说的曝光多长时间，就是指使用多快的快门速度。

快门速度严格控制光线照射感光材质的时间，单位为秒。快门一般只显示分母，如1代表1/1 s，2代表1/2 s，125代表1/125 s，4 000代表1/4 000 s，依此类推。

快门分为镜间快门和焦平面快门。

镜间快门是指快门设置在镜头上完成。这种快门曝光时将整个感光介质同时曝光，拍摄出来的动态物体不会变形,而且使用闪光灯时没有闪光同步速度的约束。镜间快门主要应用于中画幅相机及大型相机。

目前广泛使用的数码相机都是焦平面快门。焦平面快门的快门设置在机身上,快门速度的设置也是在机身上完成。焦平面相机一个机身只能使用一个快门速度系统。焦平面快门曝光时是分段连续曝光,被拍摄物体会因为曝光时差而产生形变,呈现在感光介质上。同时,由于焦平面快门的分段曝光,在影棚使用高速闪光灯的时候,为了保证感光介质的全部画幅都能受到闪光灯的照射,焦平面快门必须确保一个与闪光同步的快门速度。

快门速度除了控制曝光时间外,也影响着图像呈现出来的面貌。一般认为,1/30～1/125 s的快门速度比较符合人类肉眼所看到的动态效果,称之为中速快门,或者常速快门。而高于1/125 s的快门速度,就属于高速快门。高速快门能捕捉到非常精彩的瞬间。低于1/30 s的快门速度,称之为低速快门或慢速快门。低速快门能记录物体的运动轨迹,运用不当也容易产生虚像。

超高速快门能够捕捉到非常短暂的瞬间图像,目前高端的数码相机的最快快门速度能够达到1/8 000 s的超高速,这在拍摄一些特殊题材时是非常实用的。而且由于超高速快门违背了人类视觉残留短暂记忆的原理,高速快门拍摄出来的瞬间定格效果能让人有耳目一新的视觉体验。

使用超慢速快门(长时间快门)拍摄时,在相机位置非常固定的情况下,图像肯定会出现虚像。但是如果相机位置固定,那么在画面中,静止的物体将保持清晰(在聚焦清晰的前提下),而运动中的物体将留下运动的轨迹。如果快门时间特别长,而移动中的物体本身的亮度又很低,那么在图像中将可能看不到该物体。

思考与练习

一、简答题

1. 你认为摄影是什么?

2. 小孔成像的原理是什么?

3. 简要叙述摄影发展的历史。

4. 数码摄影的特性和优势有哪些?

5. 数码相机可以有哪些分类标准? 分别有哪些类型的数码相机?

6. 数码相机的结构主要有哪些部分?

7. 数码相机的主要参数有哪些?

二、名词解释

1. 单反数码相机

2. 像素

3. 白平衡

4. 感光度

5. 噪点

6. 光学防抖

7. 光学变焦

8. 色彩深度

第2章
数码相机的镜头

"工欲善其事,必先利其器"。本章介绍数码相机的镜头,以便读者了解各类镜头的参数和成像特点,利于后期拍摄选择使用。

 ## 2.1 镜头的光学构造

照相机的镜头是由若干片光学透镜组成的用来采集光线,使感光介质得以成像的光学装置。有凸透镜和凹透镜两大类。中间厚、边缘薄的透镜称为凸透镜,又称正透镜。中间薄、边缘厚的称为凹透镜,又称负透镜。镜头利用各种透镜的性能互相抵消减弱像差,提高成像质量。每一只镜头由若干个凸透镜和凹透镜组合而成,如6片4组、11片9组、19片15组等。如图2-1所示。

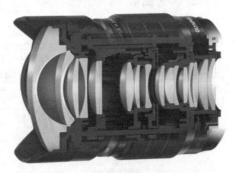

图2-1 照相机镜头构造

镜头由多组凸透镜和凹透镜组合而成,实际上是一个复式凸透镜。越高级的镜头透镜片数越多。镜片通常由研磨精细的光学玻璃制成,并且在镜片表面进行镀膜处理。镜头成像素质的优劣,取决于光学设计水平的高低以及光学镜片材质的好坏,专业级镜头往往多使用价格昂贵的特殊材质镜片。

 ## 2.2 镜头的光学参数

1. 镜头焦距

镜头焦距指镜头光学中心到焦平面的距离。焦距是相机镜头的一个非常重要的指标,镜头焦距的长短决定了被摄物在成像介质(胶片或CCD等)上成像的大小,也就是相当于物和像的比例尺。当对同一距离的同一个被摄目标拍摄时,焦距长的所成的像大,焦距短的所成的像小。目前市面上能够买到的摄影镜头,其焦距基本涵盖了4～2 400 mm的广阔范围,对于绝大多数摄影师来说,12～300 mm的焦段就足够应付大部分的拍摄需要了。焦距更短或更长的摄影镜头只有在非常特殊的情况下才会用到。

　　焦距固定而不能变化的镜头称作定焦距镜头,与变焦距镜头相比,它的优点是光圈较大,成像质量好,但缺点是使用不够方便。如图2-2所示。

　　焦距能够变化的镜头称为变焦距镜头,变焦距镜头的最大优点是拍摄时可以随意改变焦距和视场角,使用起来更加方便和快捷。如图2-3所示。

图2-2　佳能EF 50 mm F1.8标准定焦镜头　　　图2-3　适马17～50 mm F2.8标准变焦镜头

2. 镜头视角

　　镜头与人眼一样,其视野有一定的角度,称为视角。镜头的视角越大,所包容的画面空间也越大。视角的大小取决于镜头焦距的长短和所拍摄使用底片的尺寸(CCD或CMOS的尺寸)。焦距越短,镜头的拍摄视角越广;焦距越长,镜头的拍摄视角越窄。如图2-4、图2-5所示。

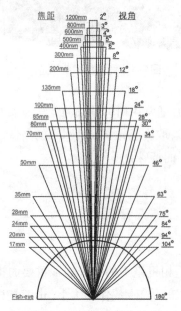

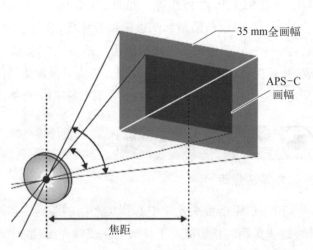

图2-4　焦距与视角的关系　　　　　图2-5　成像画幅与视角的关系

镜头视角的测定方法：当镜头与底片保持在焦点距离时，由镜头中心至底片对角线端引出直线，其所形成的夹角，便是该镜头的视角。

3. 镜头孔径

镜头孔径也称为镜头口径，表示该镜头的最大光圈值，同时还表示该镜头通光能力的大小。镜头的口径越大，实用价值越大。大口径镜头的优点主要有：便于在暗弱光线下手持相机利用现场光进行拍摄；便于摄取小景深效果，使画面虚实结合；便于使用较高的快门速度"凝固"动体。但大口径镜头的制造工艺复杂，因而口径越大，镜头也越大，价格也越高。

光圈是在镜头中间由数片互叠的金属叶片组成的可调节镜头通光口径的装置。光圈的作用是调节光通量、改变景深范围、改善像差。f系数即是用来表示光圈大小的，是焦距与通光孔直径的比值，$f=$镜头焦距/通光孔直径。如镜头通光孔径为25 mm，焦距50 mm，其比为50：25=2：1，用f2表示。图2-6表示不同的光圈系数和其大小。

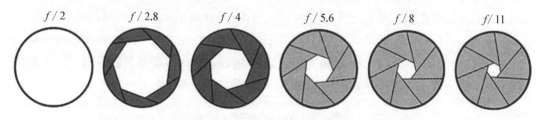

$f/2$　　$f/2.8$　　$f/4$　　$f/5.6$　　$f/8$　　$f/11$

图2-6　不同的光圈系数和其大小

每个系数为光圈的一个挡。光圈系数值越大，光圈越小，通光量越小；反之，光圈系数值越小，光圈越大，通光量越大。相邻的两挡（级）光圈，其通光量相差一倍。在图2-6所示的各挡光圈中，f2.8的通光量是f4通光量的2倍，是f5.6通光量的4倍，以此类推。在数码相机中，光圈挡的变化比较多，比如有的数码相机在f4和f5.6之间还有f4.5、f5.0。

 2.3　镜头的分类及特点

按照焦距和视角的关系，可以将镜头分为七类：标准镜头、广角镜头、超广角镜头、鱼眼镜头、中焦镜头、长焦镜头、超长焦镜头。由于画幅大小对镜头视角有影响，下面皆以全画幅和35 mm相机为例进行讲解。

1. 标准镜头

标准镜头是指焦距范围在40～60 mm之间，视角在50°左右的镜头。焦距与感光片的对角线长度基本相等。这种镜头的视角与人眼视角相似，拍摄景物的透视效果符合人眼的透视标准和习惯。

固定焦距的标准镜头在摄影创作中应用得最多、最广泛。如图2-7所示,为尼康50 mm的标准定焦镜头。标准镜头在拍摄中像差较小,成像质量优于一般同挡次的镜头,最大相对孔径较一般同挡次的镜头大,从而保证了在低照度的照明条件下有足够的光圈。

图2-7 尼康自动对焦50 mm定焦镜头

2. 广角镜头

广角镜头指焦距短于标准镜头、视角大于标准镜头的镜头。广角镜头的焦距为21 ～ 38 mm,视角在70°左右。如图2-8所示为佳能EF 35 mm f/1.4L II USM广角定焦镜头。广角镜头的特点是焦距短、视角大、景深长,拍动态物体或需要景物前后有较大的清晰度,或在较狭窄的环境中拍摄较大的场面。

3. 超广角镜头

超广角镜头也属于广角镜头,它是指焦距小于21 mm,视角大于90°的镜头。如图2-9所示为佳能EF 14 mm f/2.8L II USM超广角定焦镜头。超广角镜头有很宽广的视角,可以拍摄大范围的场景。由于超广角镜头的有效光圈小,能在任何光圈值上得到大的景深范围。但是用超广角镜头拍摄景物会产生严重变形,影像畸变,像差较大,使用时应注意影

图2-8 佳能EF 35 mm广角定焦镜头　　图2-9 佳能EF 14 mm超广角定焦镜头

像变形失真的问题。

4. 鱼眼镜头

鱼眼镜头是一种极端的超广角镜头,是指焦距在 6 ～ 16 mm 之间、视角在 180°左右的镜头。如图 2-10 所示为适马(SIGMA)10 mm *f*/2.8 EX DC Fisheye HSM 鱼眼镜头。因前端第一块透镜好像鼓起的鱼眼,所以称为鱼眼镜头。鱼眼镜头的像场照度比较均匀,但存在着严重的畸变像差,影像的失真比任何摄影镜头都大。

图 2-10　适马(SIGMA)10 mm *f*/2.8 EX DC Fisheye HSM 鱼眼镜头

5. 中焦镜头

中焦镜头是焦距为 85 ～ 135 mm 的镜头,一般称为中焦。如图 2-11 所示为蔡司 Zeiss Milvus 猎鹰(鸢鹰)系列 100 mm *f*/2 镜头。中焦镜头的焦距适中,像差校正精良,多为高速摄影镜头,拍摄的画面透视效果好,广泛用于人像摄影、风光摄影等。

图 2-11　蔡司 Zeiss Milvus 猎鹰(鸢鹰)系列 100 mm *f*/2 镜头

6. 长焦镜头

长焦镜头是指焦距范围在 135 ～ 250 mm 之间的镜头,视角为 14°左右。如图 2-12 所示为 Nikon/尼康 AF-S 尼克尔 200 mm *f*/2G ED VR II 远摄定焦镜头。长焦镜头由于其有狭窄的视角,能够把远处的景物拉近,在胶片上形成较大的影像,拍摄效果有较为强烈的透视压缩感,也有利于把被摄主体从背景中分离出来。主要使用在远距离的拍摄,或者是用于特写摄影。

图2-12　Nikon/尼康AF-S尼克尔200 mm *f*/2G ED VR II远摄定焦镜头

7. 超长焦镜头

超长焦镜头是指焦距大于250 mm的镜头,其视角小于10°。如图2-13所示为Nikon/尼康AF-S尼克尔200 ～ 500 mm *f*/5.6E ED VR超长焦镜头。超长焦镜头是为了拍摄更远距离的对象,常用在野生动物拍摄、新闻发布会上的特写拍摄等。但超长焦镜头设备昂贵、技术操作性强,一般为专业的摄影人员所用。

图2-13　Nikon/尼康AF-S尼克尔200 ～ 500 mm *f*/5.6E ED VR超长焦镜头

 ## 2.4　特殊镜头

1. 微距镜头

微距镜头指同时具有微距摄影功能和普通摄影功能的特殊定焦距摄影镜头。微距镜头可在非常近的距离处拍摄微小物体或物体细微局部的特定画面。这种镜头的分辨率相当高,畸变像差极小,且反差较高,色彩还原佳。变焦镜头中,有些也带有微距功能,在使用时把镜头调到MACRRO处即可。如图2-14所示为佳能EF 100 mm *f*/2.8L IS USM微距镜头。

图2-14　佳能 EF 100 mm f/2.8L IS USM 微距镜头

2. 移轴镜头

移轴摄影镜头是可以实现倾角与偏移功能的特殊镜头。移轴摄影镜头最主要的特点是,可在相机机身和胶片或感光元件平面位置保持不变的前提下,使整个摄影镜头的主光轴平移、倾斜或旋转,以达到调整所摄影像透视关系或全区域聚焦的目的。

思考与练习

一、简答题

1. 镜头的光学参数有哪些?

2. 镜头有哪些分类? 各有什么特点?

二、名词解释

1. 广角镜头

2. 标准镜头

3. 长焦镜头

4. 微距镜头

5. 移轴镜头

第3章
数码相机的操作与调整

随着技术的发展,数码相机的功能越来越强大,操作也越来越复杂。要想拍出一幅好的画面,除了应具备摄影基础知识以外,还必须熟悉和深刻了解摄影器材,其中首先要了解如何调整和操作数码相机。本章我们以佳能600D为例来介绍数码相机的基本操作和调整。

 3.1 拍摄模式的选择

数码相机一般有自动、手动、光圈优先、快门速度优先、P程序、肖像、运动、风景、夜景、微距和关闭闪光灯等几种拍摄模式。如图3-1所示,佳能600D模式选择盘上有12种拍摄模式。

图3-1　佳能600D模式选择盘

拍摄时应根据不同的被摄体和拍摄者的创作意图选择相应的拍摄模式,以获得理想的效果。常见的拍摄模式及其使用方法介绍如下。

1. A-DEP拍摄模式

A-DEP拍摄模式,称为自动景深曝光模式。这个模式的主要功能为自动获得较近主体和较远主体之间的大景深,用来拍摄合影和风光。对焦时,相机会使用几个自动对焦点检测要对焦的最近和最远主体,自动确定光圈,保证在景深内成影。

2. 手动(M)拍摄模式

手动拍摄模式是单反数码相机提供的类似传统机械相机的曝光模式,每次拍摄时,需要拍摄者手动完成光圈和快门速度的调节。通过纯手动调节光圈和快门速度的方式,再结合ISO的设定,可以实现完美的曝光和摄影者掌控的创作意图,是很多摄影师喜欢的拍摄模式。

3. 光圈优先(AV)自动拍摄模式

光圈优先自动拍摄模式也称为光圈先决曝光模式,是由拍摄者根据拍摄需要,先选择一定的光圈大小,再由相机自动选择适合曝光所需的快门速度的一种拍摄模式。可以理解为光圈由摄影者手动设定,快门速度由相机自动设定。这种拍摄模式适用于优先考虑景深效果的时候。

4. 快门速度优先(TV)自动拍摄模式

快门速度优先自动拍摄模式也称快门先决曝光模式,是指拍摄者根据拍摄需要先选择一定的快门速度,相机会自动选择一个正确曝光所需的光圈大小完成曝光。可以理解为快门速度由摄影者手动设定,光圈大小由相机自动设定。这种曝光模式适用于拍摄运动物体的时候。

5. 程序(P)自动拍摄模式

程序自动拍摄模式是电子技术和人工智能相结合的产物。相机会根据主体明暗、光线条件和背景环境,自动选择光圈大小和快门速度,以组合成一个适当的曝光组合。与自动拍摄(AUTO)不同的是,这种模式允许摄影者自行选定光圈和快门组合,自行设置曝光补偿和感光度等参数。

6. 其他拍摄模式

其他还有肖像、运动、风景、夜景、微距和关闭闪光灯等拍摄模式。

 ### 3.2　白平衡调整

1. 白平衡的概念及原理

色温是照明光学中用于定义光源颜色的一个物理量,即把某个黑体加热到一个温度,其发射的光的颜色与某个光源所发射的光的颜色相同时,这个黑体加热的温度称之为该光源的颜色温度,简称色温。其单位用"K"(开尔文)表示。自然界中常见的色温表如下:蜡烛光:1 900 K;朝阳和夕阳:2 000 K;钨丝灯:2 800 K;220 V日光灯:3 800 K;晴天中午阳光:5 400 K;阴天:6 000 K以上;晴天时阴影下:7 000 K;雪地里:8 000 K;蓝色天空:10 000 K。

不同性质的光源会在画面中产生不同的色彩倾向,蜡烛、落日和白炽灯发出的光线比较接近于红色,它们在画面中呈现的光线色调就是"暖调"的;而相对清澈的蓝色天空则会让画面中呈现蓝色的"冷调",如图3-2、图3-3所示。

图3-2　落日的暖色调　　　　　　图3-3　蓝色天空的冷色调

人的视觉系统会自动对不同的光线做出补偿,所以无论在暖调还是冷调的光线环境下,我们看一张白纸永远都是白色的。但相机则不然,它只会直接记录呈现在它面前的色彩,这就会导致画面色彩偏暖或偏冷。

相机的白平衡调整,是为了让实际环境中白色的物体在拍摄的画面中也呈现出"真正"的白色。要保证白色的物体在画面中呈现出准确的、没有偏色的白,那么画面中所有的其他颜色也就会得到准确的还原。通过特定的按钮或者菜单项,相机提供了相应的控制,可以调节白平衡设置,来与当前实际的光线条件相匹配。

2. 自动白平衡及预设

在大多数情况下,默认的自动白平衡(AWB)设置都能带来不错的效果。不过,就如同其他所有自动设置一样,自动白平衡也有它自己的局限性。只有在一个相对有限的色温范围之内它才能够正常工作,而且在夜晚的室内拍摄时,它常常会使画面偏橘黄;而在黎明时分拍摄时,它也会使画面偏蓝。一般相机都会预设白炽灯、荧光灯、晴天、闪光灯、阴天以及阴影等几种白平衡选项。

3. 手动白平衡

要获得最准确的色温,当然是手动调整白平衡,当前绝大部分相机都有手动白平衡功能。手动白平衡一般是利用白纸放在光源下,再用相机测量白纸,以确定白色平衡。

测量白纸时,画面不应有其他杂物而只有白纸,否则会带来干扰。不少初学者偶尔也会遇上白纸不能对焦的情况,因为白纸对比度小,使用自动对焦时不易对焦准确十分正常。此时用手动对焦(MF),就可以测量了。

当现场环境有多种光源时会产生多种色温,我们不能测量全部光源,只能以主体的光源为优先。举个例子,在室内窗边的书桌,窗外阳光照射进来,那是日光色温;桌上有灯泡照明,那是温暖色温;加上室内有光管,属偏蓝色温,相机不可能全部测量准确。那怎样办? 方法就是以主体光源为准,其他作为带出气氛的背景光,例如拍书桌就用灯泡白平衡;想拍窗外侧光的柔美,就用日光白平衡。

4. 白平衡的特殊使用

自动白平衡能够满足我们在常规情况下的使用,但要获得一些特殊效果,如要烘托环境的效果,则需手动调整白平衡且选择合适光源。自动白平衡设置会将日出或日落场景中的橘黄色光线统统"吞掉",因为相机会倾向于获得中性的色彩,从而导致整个画面显得苍白。在拍摄此类场景时,为了最大限度地表现当时的暖调色彩,可以将白平衡设置为自然光预设之一,比如日光、多云或阴影。有时为了表达特殊的创意效果或氛围,通过特殊的白平衡调节或者故意差错式白平衡,还能取得创意的作品。

 ## 3.3　对焦模式的选择

为了获得清晰的画面,拍摄时必须进行对焦,数码相机提供了两类对焦方式:手动对焦(MF)和自动对焦(AF)。除了个别数码相机只有自动对焦模式之外,大部分数码相机同时具备这两种对焦方式。

1. 手动对焦

手动对焦(MF)是以手动的方式转动镜头上的对焦环,调整相机镜头内部的镜片来完成对焦。进行手动对焦之前,先要将对焦模式切换到手动对焦,来回转动对焦环,并以肉眼在取景器中确认主体是否变得清楚,当主体得以清楚呈现的时候,即表示对焦准确了。这种方式很大程度上依赖人眼对影像的判别,对拍摄者的视力和熟练程度要求较高。手动对焦速度相对较慢,但对焦精度高。

手动对焦适用的场合:微距、昏暗场所、任何自动对焦难以对焦的场所。比如场景太昏暗、拍摄的物体缺少对比度清晰的区域,单色的墙壁、隔着网子或笼子进行拍摄,会让机身的自动对焦系统失灵或者很难自动对焦。在这些情况下,手动对焦会获得精确的对焦,效果更好,一般专业摄影师都喜欢使用手动对焦。

2. 自动对焦

自动对焦(AF)是利用物体光反射的原理,反射光被相机上的传感器CCD接受,通过计算机处理,带动电动对焦装置进行对焦的方式。根据原理,可以分为两类:一类是主动式自动对焦,基于镜头与被拍摄目标之间距离测量的测距自动对焦;另一类则是被动式自动对焦,基于对焦屏上成像清晰的聚焦检测自动对焦。

1) 主动式自动对焦

主动式自动对焦指的是相机上的红外线发生器、超声波发生器发出红外光或超声波到被摄体,相机上的接收器接收反射回来的红外光或超声波进行对焦的一种方式。其光学原理类似三角测距对焦法。主动式自动对焦是相机主动发出光或波,所以可以在低反差、弱光线的情况下进行对焦。但当被摄体能吸收光或波时会使对焦困难,光或波还会被玻璃反射,故透过玻璃进行对焦也比较困难。

红外线式和超声波式自动对焦是利用主动发射光波或声波的方式进行测距的,称之为主动式自动对焦。

红外线测距法的原理是由照相机主动发射红外线作为测距光源,并由红外发光二极管间构成的几何关系计算出对焦距离。

超声波测距法是根据超声波在数码相机和被摄物之间传播的时间进行测距的。数码相机上分别装有超声波的发射和接收装置,工作时由超声振动发生器发出持续超声波,超声波到达被摄体后立即返回被接收器感知,然后由集成电路根据超声波的往返时间来计算确定对焦距离。

2) 被动式自动对焦

被动式自动对焦是直接接收分析来自景物自身的反光进行自动对焦的方式,使用聚焦检测法,主要有对比度法和相位法两种检测方法。

对比度法通过检测图像的轮廓边缘实现自动对焦。图像的轮廓边缘越清晰,则它的亮度梯度就越大,或者说边缘处景物和背景之间的对比度就越大。反之,失焦的图像轮廓边缘模糊不清,亮度梯度或对比度下降;失焦越远,对比度越低。利用这个原理,将两个光电检测器放在CCD前后相等距离处,被摄影物的图像经过分光同时成在这两个检测器上,分别输出其成像的对比度。当两个检测器所输出的对比度相差的绝对值最小时,说明对焦的像面刚好在两个检测器中间,即和CCD的成像表面接近,于是对焦完成。

相位法通过检测像的偏移量实现自动对焦。在感光CCD的位置放置一个由平行线条组成的网格板,线条相间为透光和不透光。在网格板后适当位置上与光轴对称地放置两个受光元件,网格板在与光轴垂直方向上往复振动。当聚焦面与网格板重合时,通过网格板透光线条的光同时到达其后面的两个受光元件。而当离焦时,光束只能先后到达两个受光元件,于是它们的输出信号之间有相位差。有相位差的两个信号经电路处理后即可控制执行机构来调节物镜的位置,使聚焦面与网格板的平面重合。

被动式自动对焦的优点是自身不需要发射系统,因而耗能少,有利于小型化。对具有一定亮度的被摄体能理想地自动对焦,在逆光下也能良好对焦,对远处亮度大的物体能自动对焦,能透过玻璃对焦。但缺点是在低反差、弱光下对焦困难,对动体自动对焦能力差,对含偏光的被摄体自动对焦能力差,对黑色物体或镜面的对焦能力差。

3. 自动对焦模式分类

根据自动对焦的适用范围,可以将自动对焦分为单次自动对焦、连续自动对焦、智能自动对焦三种模式。

1）单次自动对焦模式

当拍摄者与被拍者之间的距离固定,且拍摄风景或静止的人物时,可以选择单次自动对焦模式(尼康相机记为AF-S,佳能用ONE-SHOT表示),这也是最常用的对焦模式。半按快门后,相机会在指定的位置对焦。合焦后,相机会自动锁定焦点,即使改变构图,焦点位置也不会改变。单次自动对焦适合的场合有静物、风景、人物、花卉等。

2）连续自动对焦模式

连续自动对焦通常用于运动摄影。在拍摄运动题材或持续处于运动状态的人和交通工具时,应该选择连续自动对焦模式(尼康相机记为AF-C,佳能相机用AI FOCUS表示)。只要将对焦点框在主体上,保持半按快门的动作,相机会连续对移动的被摄体进行追焦。通常这种对焦模式要配合连拍的效果会更好。需要注意的是,只要拍摄者全按快门钮,相机即会拍摄照片,不管主体的对焦是否正确。连续自动对焦模式适用的场合如运动、竞速、动态物体等。

3）人工智能伺服自动对焦模式

人工智能伺服自动对焦(尼康相机记为AF-A,佳能相机用AI SERVO表示)是一种相机根据被摄主体的状态(静止或运动)自动选择的对焦模式。这种将单次自动对焦和连续自动对焦结合起来的方式,更适合在被摄物体动静状态不定的情况下使用。这种方式,不同的相机生产厂家有不同的叫法,如佳能称为"人工智能伺服自动对焦"、尼康称为"最近主体先决的动态自动对焦"、索尼和美能达称为"自动切换对焦",但其原理都是基本一致的。

 ## 3.4　测光模式的选择

为了获得准确的曝光量,需要对被摄景物进行测光。测光是对光线的评估,摄影离不开测光。数码相机都带有自动测光功能。目前几乎所有的数码相机测光方式都采用TTL(through the lens)进行测光,TTL指的是自动测光(auto exposure)系统,是经过镜头来测光。透过镜头测光的好处是直接反映所见景物的光线大小,也就是光线经过镜头投射在CCD/CMOS上,CCD/CMOS将光信号传送给数码相机的CPU做分析。

1. 测光原理

测光就是测量被摄物体的反射光亮度。绝大多数数码相机的测光都是根据反射式测光原理设计的,即建立在测量物体的反光率为18%的中性灰色调基准上的。18%这个数值来源是根据自然景物中的中间调(灰色调)的反光表现而定,如果取景画面中白色调居多,那么反射光线将超过18%;如果是全白场景,可以反射大约18%的入射光;而如果是黑色场景,可能反射率只有百分之几。但不管是什么场景,测光都是以"18%中灰色调"为基准的。

2. 测光模式

数码相机的测光模式包括平均测光、中央重点平均测光、多区域测光、立体矩阵式测光、点测光等多种方式。

1)平均测光

平均测光是测定被摄物体的综合亮度,把较大测光范围内的各种景物亮度综合,取其平均亮度,以此作为推荐曝光量或进行自动曝光的依据。平均测光是数码相机中主要的测光模式之一,几乎所有的数码相机都内置有该模式。在单反数码相机上,平均测光就是测量取景画面全部景物的平均亮度。当平均亮度等于18%中性灰时,平均测光就能取得良好的曝光效果,但当画面出现大面积过亮或过暗的背景时,平均测光会导致曝光不准确。

2)中央重点测光

中央重点测光是采用最多的一种测光模式。它主要是考虑到一般摄影者习惯将拍摄主体也就是需要准确曝光的东西放在取景器的中间,这部分拍摄内容是最重要的。因此负责测光的感光元件会将相机的整体测光值有机地分开,中央部分的测光数据占据绝大部分比例,而画面中央以外的测光数据以小部分比例起到测光的辅助作用。经过相机的处理器对这两格数值加权平均之后得到拍摄的相机测光数据。在大多数拍摄情况下中央重点测光是一种非常实用也是应用最广泛的测光模式,但是如果需要拍摄的主体不在画面的中央或者是在逆光条件下拍摄,中央重点测光就不适用了。

3)点测光

点测光仅测量画面中很小部分的景物亮度,以此作为测光读数和自动曝光的依据。点测光模式可以避免光线复杂条件下或逆光状态下环境光源对主体测光的影响。点测光的范围是以观景窗中央的一极小范围区域作为曝光基准点,大多数点测光相机的测光区域为1%~3%,相机根据这个较窄区域测得的光线作为曝光依据。这是一种相当准确的测光方式,点测光在人像拍摄时是一个好武器,可以对人物局部(例如脸部甚至是眼睛)进行准确的曝光。

4)局部测光

局部测光方式是对画面的某一局部进行测光,测光范围占画面10%左右。当被摄主体与背景有着强烈明暗反差,而且被摄主体所占画面的比例不大时,运用这种测光方式最合适。

5)评价测光

评价测光(或称分割测光/矩阵测光/多分区测光)方式是一种比较新的测光技术,由尼康公司率先开发这种独特的分割测光方式,尼康称为立体矩阵式测光。评价测光与中央重点测光最大的不同就是评价测光将取景画面分割为若干个测光区域,每个区域独立测光后再整体整合加权计算出一个整体的曝光值。

 ## 3.5　曝光补偿的设定

1. 曝光补偿的概念

曝光补偿是拍摄者根据创作意图和特殊环境对相机测光系统给予的曝光量进行调整的一种方式。对于特别明亮或特别暗的物体,如果按照照相机的测光系统测出的数据进行曝光或估计曝光,将会出现曝光过度或曝光不足的情况,因此需要将曝光量再减少或增加若干挡进行曝光补偿。曝光补偿也是一种曝光控制方式,一般常见为 ±(2 ~ 3)个EV值,常用在逆光、拍摄物体过亮或过暗、拍摄阴影中的物体等情况下。

2. 逆光曝光补偿

在逆光下拍摄,阴影部位往往会出现曝光不足的情况,为了表现逆光下阴影部位的层次,一般要按照测光的数据或估计曝光值增加1~2挡曝光量。当拍摄有较大面积天空的逆光画面时,明亮的天空将景物衬托得比较暗。为了表现被摄景物的层次,需要加大曝光量,这样的话,天空中云彩的层次就可能被牺牲了。

3. 明亮物体拍摄的曝光补偿

当测光对象是亮色调时,按测光读数的曝光会导致曝光不足。因为测光系统把测光对象再现为18%的中灰色调,该景物应该再现为亮色调,而不应该使其亮度降低为中灰色调。例如,拍白雪,如果按照测光读数曝光或估计曝光,曝光不足的话,白雪将变成灰雪。为了表现雪的洁白特征,应将曝光量增加1 ~ 2挡。因此,被拍摄的白色物体在照片里看起来是灰色或不够白的时候,要增加曝光量,简单地说就是"越白越加"。

4. 暗物体拍摄的曝光补偿

当测光对象是深暗色调时,按测光读数曝光,就会出现曝光过度的情况。因为测光系统把测光对象再现为18%的中灰色调。然而,该景物应该再现为暗色调,而不应该将其亮度提高为中灰色调。例如,拍摄煤炭、黑铁、礁石等暗物体,如果按照测光读数曝光或估计曝光,将会曝光过度,黑物体将变成灰物体。为了表现黑物体的黑度,应将曝光减少

1～2挡。

5. 阴影中的曝光补偿

如果画面主体处于阴影中,非主体部分光线明亮,或者说当拍摄环境比较暗需要增加亮度时,可对曝光进行补偿,适当增加曝光量,此时非主体部分画面层次会被牺牲掉。

6. 曝光补偿的方法

在数码相机上,曝光补偿的标记是 ⚡。这种自动曝光补偿装置采用按钮调节的方式。在一些照相机上有专门的自动曝光补偿盘,可有+1、+2、0、-1、-2等标记。有的还可以进行1/2或1/3的细微调节。调节至+1就意味着按测光读数增加1挡曝光量,调节至-1就意味着按测光读数减少1挡曝光量,以此类推。如图3-4所示。

图3-4 曝光补偿调节界面

使用曝光补偿时,按下曝光补偿按钮,出现如图3-4所示的界面,拨动相机上的调节转盘,就可以设定曝光补偿的大小。

思考与练习

一、简答题

1. 数码相机一般有哪些拍摄模式?各具有什么特点?应用在什么拍摄场景?

2. 数码相机对焦模式有哪几种?

3. 数码相机的手动对焦用于什么拍摄场景?

4. 数码相机的自动对焦有哪几种模式?

5. 数码相机的测光模式有哪些?分别有什么特点?

二、名词解释

1. 光圈优先自动曝光

2. 快门速度优先自动曝光

3. P 程序曝光模式

4. 曝光补偿

5. 点测光

第4章

摄影光线

摄影是光线的艺术，我们经常说一幅摄影作品是"光之画，影之歌"。要想利用好光线进行摄影，必须了解光线的性质，本章主要介绍摄影光线的基础知识和光的性质。

 4.1 光的基础知识

1. 光的类型

根据光源的种类可以将光分为自然光、人造光、混合光等几种类型。

1）自然光

自然光是自然光源发出的光线，主要就是太阳光及其衍生光，比如天空光、月光，还有星光等。太阳光除了直接照射到地球上外，还有一部分光被大气层吸收，透过大气层再照射到地面上，就成为天空光。

自然光的特点：亮度强、照射范围广而均匀；受到时间、天气、季节、地域、环境等诸多因素的影响，千变万化、魅力无穷。如，太阳光的强弱受到天气变化的影响，分为晴、阴、晦、雾、霾、雨、雪，其光照度也各不同；太阳光的强弱还受到地理条件变化的影响，在高山、平原、海滩、峡谷等地受光强弱也不同。

2）人造光

一切由人工制造的光源发出的光均为人工光，如灯光、火柴光、蜡烛光、闪光灯的闪光等。人造光有瞬间光源和连续性光源之分。瞬间光源指闪光灯，连续性光源指聚光灯、漫反射灯、柔光灯、伞灯、日光灯、卤钨灯、镝灯等。专业影楼一般用连续光源拍摄人像。人造光的强弱受到灯的功率指数、摄距、周围环境等因素的影响。在摄影中，人造光能够使摄影者自由地调整其亮度、高度、颜色、方向、数量等，以此来塑造人物形象和表现不同的画面影调。因此，它可以按照创作者的艺术构想从容进行创作，为摄影意图服务。

3）混合光

混合光是指自然光和人造光同时存在的光线。比如白天室内开着灯，室内的现场光线就是混合光,这些光线既有通过窗子照射进来的太阳的直射光,也有从远处天空散射或反射来的天空光,还有灯光。在拍摄实践中,混合光照明一般需要调整,统一色温。有时在拍摄逆光景物时,为了表现阴影部分的层次,会使用闪光灯作为辅助光,这时就使用了混合光。

2. 光的成分

光是一种电磁波。可见光的波长约为380~750 nm。当可见光的辐射能量刺激人眼时,会引起人的视觉反应。不同波长的光产生不同的颜色感觉,波长从长到短颜色依次是:红、橙、黄、绿、青、蓝、紫。太阳光辐射出来的是包含各种单色成分的光谱带,它是一种复合光,给人以白光的综合感觉。伟大的科学家牛顿已经用三棱镜证实了光的色散实验,从而证明了太阳光是由七种颜色的光混合而成。如图4-1所示。

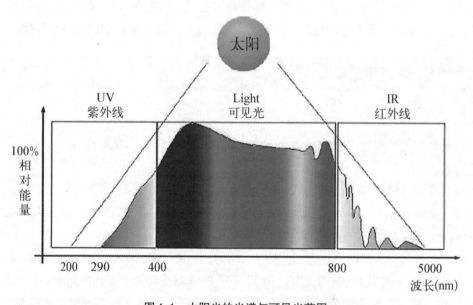

图4-1　太阳光的光谱与可见光范围

在太阳光谱中,虽然有七种色光,但是红色光、绿色光和蓝色光因为能合成白光和各种不同的色光,而其本身不能被其他任何色光合成,故而称为原色光,我们常称之为“三原色”。所有的彩色光电传播系统(照相机、摄像机、电视机、电脑等)就是根据光的“三原色”原理来反映景物颜色的。由两种原色光混合而成的色光称为复合色光,复合色光所表示出来的颜色称为间色。青色光、品色光、黄色光都是复合色光。

 ## 4.2　光的特性

光的特性包括光强、光质、光位、光型、光比等。

1. 光强

光强是指光线的强弱，即光源发光强度的简称，国际单位是candela（坎德拉）简写cd。1 cd（即1 000 mcd）是指单色光源（频率540*10^12 HZ）的光，在给定方向上［该方向上的辐射强度为（1/683）瓦特/球面度］的单位立体角发出的光通量。可以用基尔霍夫积分定理计算。

自然光是平行光，进入照相机镜头的光线的强度取决于光源的强度。人工光的光源是点光源，进入照相机镜头的光线的强度取决于光源的强度和景物与光源的距离。点光源的光强与距离的平方成反比。自然光的强度随着季节、时间、天气和地域的变化而产生明暗强弱。明亮的光线给人以明快、阳光的感觉，而暗淡的光线常表现忧郁和含蓄的情绪。在不同强度自然光的照射下，被摄物体上也会出现相应的不同变化，摄影者可以运用这种光强度的差别来更好地突出被摄体的特性，体现拍摄意图。

2. 光质

光质是指拍摄所用光线的软硬性质，可分为硬光和软光。

硬光即是强烈的直射光，如晴天的阳光，人工灯中的聚光灯、回光灯的灯光等。硬光照射下的被摄体的受光面、背光面及投影非常鲜明，明暗反差较大，对比效果明显，有明显的方向性，能产生浓厚的阴影。这有助于表现受光面的细节及质感，造成有力度、鲜活等艺术效果。

软光是一种漫散射或透射性质的光，没有明确的方向性，在被照物上不留明显的阴影。如阴天时透过云层的阳光、大雾中的阳光，泛光灯的灯光等。软光的特点是光线柔和，强度均匀，光比较小，形成的影像反差不大，主体感和质感较弱。

3. 光位

光位就是光源相对于被摄体、照相机的位置，这三者位置关系的变化会有不同的光线角度。当光源所在的高度和被摄物体的高度基本一致时，称为平光。平光的角度有顺光、前侧光、侧光、侧逆光和逆光五种光位，如图4-2所示。当光源从被摄物体的顶部垂直向下照射时形成顶光，当光源从被摄物体的底部向上照射时形成底光。

从摄影造型的角度看，不同照明方向和照明角度的光线有不同的特点。下面介绍各种光位的造型特征。

1）顺光

顺光也叫作"正面光"，指光线的投射方向和拍摄方向相同的光线，或者与镜头光轴形成不超过5度的夹角的光线。顺光的特点是被摄物体受光均匀，色彩还原真实、饱和，但照片缺乏应有的立体感和空间感；影像的明暗反差小，适合拍摄高调照片，如图4-3所示。顺光能很好地表现蓝天白云的效果，但不宜用来拍摄立体感强的建筑物。

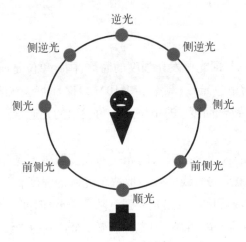

图4-2　光位示意图

2）前侧光

前侧光也称为侧顺光，是从照相机后方左侧或右侧与镜头光轴构成30°～60°夹角的方向投向被摄物体正面的光线，被摄物的阳面和阴面的比例大约控制在2∶1或3∶1的范围。因此，被摄主体的大部分受光，形成比较明亮的影调，小部分不受光产生阴影，表现出明暗分布和立体形态，在建筑、风光和静物摄影中被广泛应用。在人像摄影中也经常采用，但要注意亮部和暗部的光比，有时需要用反光板补光。如图4-4所示。

图4-3　顺光拍摄效果　　　　图4-4　前侧光拍摄效果

3）侧光

从照相机左右两侧射向被摄物体，与镜头光轴构成大约90度夹角的光线称为侧光，即正侧光。它的亮部和暗部各半，物体的立体感强。表面粗糙的物体，用正侧光照明，可以获得明显的表面质感，但若在强光下拍摄人物近景，会出现很大反差，所以要谨慎使用或进行调整。如图4-5所示。

图4-5 侧光拍摄效果

4）侧逆光

侧逆光也称后侧光，是指来自照相机的斜前方，与镜头光轴构成120°～150°夹角的光线。在这种光照射下，景物大部分处于背光面，阴影明显，反差大。被摄体在暗背景中能产生清晰的轮廓，使被摄体从背景中突显出来，具有较强的空间深度感。常用来拍摄花卉、风光、人像等，如图4-6所示。

在人像摄影中，采用侧逆光照明，被摄者面部和身体的受光面只占小部分，阴影面占大部分，所以影调显得比较沉重。采用这种照明方法，被摄者的立体感比顺光照明要好一些，但影像中阴影覆盖的部分立体感仍较弱。可以使用反光板、电子闪光灯等辅助照明灯具适当提高阴影面的亮度，修饰阴影面的立体层次。

图4-6 侧逆光拍摄效果

5）逆光

光线从景物的正后方照射，与照相机构成接近180°夹角的光线称为逆光。此时被摄物体绝大部分处于阴影中，因此很难表现景物的质感和纹理，但能很好地勾勒景物的轮廓，是拍摄剪影照片的最佳光位，所以也称轮廓光。逆光能够表现空间层次感，有利于表现烟雾和半透明的丝绸、花瓣的质感。逆光是一种具有艺术魅力和较强表现力的光线，它能使画面产生完全不同于我们肉眼在现场所见到的实际光线的艺术效果。

逆光的艺术表现力如下：

第一，能够增强被摄体的质感。特别是拍摄透明或半透明的物体，如花卉、植物枝叶等，逆光为最佳光线。因为，一方面逆光照射使透光物体的色明度和饱和度都能得到提高，使顺光光照下平淡无味的透明或半透明物体呈现出美丽的光泽和较好的透明感；另一方面,使同一画面中的透光物体与不透光物体之间亮度差明显拉大,明暗相对,大大增强了画面的艺术效果。

第二,能够增强氛围的渲染性。特别是在风光摄影中的早晨和傍晚,采用低角度、大逆光的光影造型手段,逆射的光线会勾画出红霞如染、云海蒸腾、山峦村落、林木如墨的画面,如果再加上薄雾、轻舟、飞鸟等物体相互衬托起来,在视觉和心灵上就会引发出深深的共鸣,使作品的内涵更深、意境更高、韵味更浓。如图4-7所示。

图4-7 逆光拍摄日落

第三,能够增强视觉冲击力。在逆光拍摄中,由于暗部比例增大,相当部分细节被阴影所掩盖,被摄体以简洁的线条或很少的受光面积突现在画面之中,这种大光比、高反差给人以强烈的视觉冲击,从而产生较强的艺术造型效果。

第四,能够增强画面的纵深感。特别是早晨或傍晚在逆光下拍摄,由于空气中介质状况的不同,使色彩构成发生了远近不同的变化:前景暗,背景亮;前景色彩饱和度高,背景色彩饱和度低,从而造成整个画面由远及近,色彩由淡而浓,由亮而暗,形成了微妙的空间纵深感。

6)顶光

来自被摄体顶部正上方的光线称之为顶光,如夏日正午的阳光,或者舞台上方投射下来的光线。顶光使拍摄景物上亮下暗,具有鲜明的时间特征;但是在人像摄影中,较强的顶光会使人的眼窝、鼻子下方和下巴下产生浓重的阴影,俗称"黑三角"。因此,人像摄影使用顶光时,可采用补光、改变被摄者的姿态或者改变拍摄角度的方法,尽量避免产生"黑三角"阴影。

7)脚光

由下方向上照明人物或景物的光线为脚光。脚光可以分为前脚光和后脚光。前脚光这种造型光线形成自下而上的投影,产生非正常的造型,摄影中用作刻画特殊人物形象、特殊情绪、渲染特殊气氛的造型手段。后脚光照射人物的头发,有修饰和美化的作用,在摄影棚的拍摄中常作为一种效果光使用。

4. 光型

光型指各种光线根据在造型中的不同用途而分成的主光、辅助光、轮廓光、背景光和装饰光等。

1)主光

主光也称为"塑形光",是某一特定场景的主要光源,起主要的造型效果,决定相机基本的操作数值(如光圈大小)。在拍摄实践中,要根据主体情况控制主光的光质、强度、色温和光位等。在一般情况的布光时,主光灯位于主体的前稍偏一点的较高角度。布置主光的较好起点约为照相机一边的30°左右,以及垂直高度30°左右的位置。但需根据不同主体及不同造型要求做适当调整。主光可以有目的的方向,即在画面中显示照明光源方位和光线方向,也可以无目的的方向。

2)辅助光

辅助光也称"补助光",用来辅助主光,可以减弱或消除由硬光产生的阴影,减小光比,降低反差,表现暗部细节。辅助光从光位上讲,位于主光相反的一边。辅助光一般使用散射光,其光质要柔和而无方向性,能以圆滑的光线同主光的照明融为一体。

辅助光的亮度取决于造型要求,辅助光可以强到使阴影消除,即为"高调"处理,但阴影的完全消失会破坏由主光形成的造型效果。辅助光较弱而阴影很深,则为"低调"处理。

3)轮廓光

轮廓光是位于被摄体的后方或侧后方,用来勾画被摄物体轮廓形态的光线。其作用是在被摄物体如人物的头部、肩部或静物的顶边造成光亮的轮廓,使背景和主体划分开来,并增加反差以提高景物鲜明度。轮廓光的光源须放置在主体的背后,并要调整角度以避免光线射到主体顶部或射进镜头。

4)背景光

背景光是用来照亮背景,控制画面影调,表现背景色彩,塑造背景空间,美化画面的。一般放置在摄影主体后面,并投向背景。

5)装饰光

装饰光是用来对主体局部照明,强化局部细节,如眼神、头发等。装饰光多用小功率聚光灯修饰或突出某一需要特别表现的局部。

5. 光比

光比指被摄场景的暗部和亮部的受光比例,是摄影光线的重要参数之一。光比对于摄影最大的意义是画面的明暗反差。光比大,反差就大;光比小,反差就小。反差大则画面视觉张力强；反差小则柔和平缓。

人像摄影中，反差能很好地表现人物的性格。高反差显得刚强有力，低反差显得柔媚。风光摄影、产品摄影中高反差质感坚硬，低反差则客观平淡。

4.3 光的造型作用

摄影艺术通过对光的运用，既要完成技术方面的任务，又要完成艺术造型方面的任务，这样才能获得形式优美、内涵深刻的作品。因此，了解并掌握光的造型作用，对摄影者来说非常重要。

1. 光是表现景物外部特征的要素

人们对客观景物的轮廓和形态的认识，是通过光线的照明实现的。我们要表现景物的外在特征，如轮廓、形体、质感、纹理等就必须依靠光，前面我们在光位里讲到，前侧光可以表现立体感，侧逆光或逆光有利于表现轮廓等，就是要达到利用光线的这些性质去充分表达景物外部特征的目的。

2. 光是塑造景物空间感的手段

摄影是平面艺术，是在二维的平面上表达三维的立体空间形象，因此光的造型不可忽视。因为景物的立体感和空间感要通过光不同角度的照射才能被我们明显地观察到、捕捉到。通过运用不同方向的光线，造成明暗对比和线条变化，才能很好地表现出景物的立体感和空间感。

3. 光是强化主题的表达手段

光的造型与画面主题内容密切相关，拍摄的内容不同，光的运用与处理方法就不同，这样才能充分揭示摄影画面所表达的主题。风光、人像、静物、新闻、广告等不同的摄影主题，需要的光线类型和造型要求各不相同，要达到强化主题的目的，就要选择适合的光线。

4. 光是渲染气氛的手段

环境在画面中具有烘托主体、说明时间、地点等信息，帮助刻画人物性格和表现生活气息的作用。因此，环境气氛表现得如何，对主体的突出和对主题的表现非常重要。环境气氛的营造和渲染，与光线的处理有直接的关系。

5. 光是表现情感的因素

"情"是所有艺术的魂，借景抒情，是造型艺术创作中的共同规律，摄影也不例外。摄影者除了要将被摄人物的外在形体、质感表现出来，还要通过画面表达情感，从而感染观众,引起审美共鸣。

 ## 4.4 人工照明

人工光源可以根据拍摄需要进行灵活调整和布置,不同类型的灯具所具有的不同光效,可以塑造人物、营造气氛甚至是变换环境。为了拍摄出理想的作品,摄影者必须了解各种灯具的性能并熟练运用。根据是否连续发光,可以把摄影人造光源分为持续光源和瞬间光源。瞬间光源主要指闪光灯。本节主要介绍持续光源。

1. 持续光源

持续光源能够持续发光,最大优点是"所见即所得",布光时看到的光效基本上就是最终看到照片的光效。光源的持续作用有利于模特较好地适应环境,拍摄者也能从容做好准备。常用的光源包括白炽灯、卤钨灯、氙灯和三基色荧光灯等。

1)白炽灯

白炽灯是一种热辐射光源,能量的转换效率很低,只有2%～4%的电能转换为眼睛能够感受到的光。作为照明光源,白炽灯最早进入人们的日常生活领域。白炽灯具有显色性好、光谱连续、使用方便等优点,具有种类极多的灯罩形式,并配有轻便灯架、顶棚和墙上的安装用具和隐蔽装置,通用性大,彩色品种多,具有定向、散射、漫射等多种形式,因而被广泛应用。其主要弱点是发光效率比较低,它所消耗的电能只有约2%可转化为光能,而其余部分都以热能的形式散失了。另外,这种电灯的使用寿命通常不会超过1 000小时,所以寿命短。

由于白炽灯的耗电量大、寿命短,性能远低于新一代的新型光源,为了节能环保,白炽灯已被一些绿色光源所代替并退出市场,一些国家已禁止生产和销售。

2)卤钨灯

卤钨灯是填充气体内含有部分卤族元素或卤化物的充气白炽灯。卤钨灯是在白炽灯的基础上研制出来的,很多性能比白炽灯更为优良,如光效高、体积小、寿命长、稳定性强等。在普通白炽灯中,灯丝的高温造成钨的蒸发,蒸发的钨沉淀在玻壳上,产生灯泡玻壳发黑的现象。1959年,人们发明了卤钨灯,利用卤钨循环的原理消除了这一发黑的现象,同时解决了白炽灯面临的发光效率与光源体积之间存在的问题,使照明光源开始向大功率、小体积方向发展。

3)氙灯

氙灯是一种惰性气体灯,是利用氙气放电而发光的电光源。由于灯内放电物质是惰性气体氙气,其激发电位和电离电位相差较小。氙灯的辐射光谱能量分布与日光相接近,色温约为6 000 K。氙灯连续光谱部分的光谱分布几乎与灯的输入功率变化无关,在寿命期内光谱能量分布也几乎不变。常用的球形氙灯是画面拍摄、舞台照明、照相制版等方面的理想光源。

2. 照明灯具

照明灯具一般分为聚光灯和散光灯。

1）聚光灯

聚光灯是指使用聚光镜头或反射镜等聚成光的照明灯具，其照度强、照幅窄，便于朝场景中的特定区位集中照射，是摄影棚内用得最多的一种灯，如图4-8所示。聚光灯可以投射出高度定向性光束。它可产生很亮的高光区和线条鲜明、影调深暗的阴影区。常用的聚光灯有菲涅尔聚光灯、椭圆形聚光灯、回光灯、筒子灯等。

聚光灯由于其光线强、可控性好等优点，在演播室、舞台、户外大型演出等场合得到广泛的应用。聚光灯的新品电脑灯，是照明技术与电脑技术相结合的新型灯具。电脑灯装有一个微型计算机电路，可以接收控制台发出的信号，并将它转化为电信号控制机械部分，实现各种功能。如图4-9所示。电脑灯可以几台、几十台甚至上百台一起按灯光设计要求变换图案、色彩，其速度可快可慢，其场面瑰丽壮观，叫人惊奇。电脑灯的出现是舞台、影视、娱乐灯光发展历史上的一个飞跃，也使人们对灯光技术有了新的认识。

图4-8　聚光灯　　　　　　　　　图4-9　电脑灯

2）散光灯

散光灯又称泛光灯，是一种可以向四面八方均匀照射的光源，如图4-10所示。它的照射范围可以任意调整，制造出的是高度漫射的、无方向的光而非轮廓清晰的光，因而产

图4-10　散光灯

生的阴影柔和而透明。用于物体照明时,照明减弱的速度比用聚光灯照明时慢得多,甚至有些照明减弱非常慢的灯,看上去像是一个不产生阴影的光源,常用做辅助光。常用的散光灯有新闻灯、四联散光灯、天幕散光灯和外景散光灯等。

 ## 4.5 摄影布光

布光就是布置灯光,即根据所拍画面的内容、主题,选择采用某些灯具及阻光设备,在整个拍摄场景中产生某种光线效果。这种光线效果要具备三个功能:一是满足拍摄技术所需要的照度、色温和亮度对比;二是利用光的强弱、方位、软硬等配置完成画面形象的塑造,表达物体的质感、立体感和画面的空间透视感;三是表达一定的情感或氛围,或者形成一种特殊的艺术效果。

摄影室内常见的布光为三点布光法,这是人像摄影中常用的一种布光方法,一般由三个位置的光源组成。根据光源的塑形作用,一般采用主光、辅助光、轮廓光或主光、辅助光、背景光的组合方式。

下面简单介绍一下主光、辅助光、背景光布光时的基本步骤。

第一步: 放置主光灯

主光灯通常被称为关键灯,它的位置取决于拍摄追求的效果。但一般把它放置在与主体成30°～45°角的主体一侧,而且其水平位置通常要比相机高两三英尺,主灯的照明效果如图4-11所示。

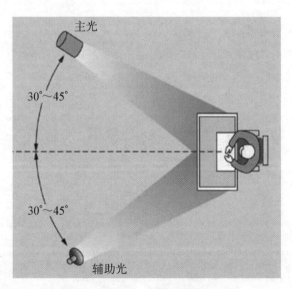

图4-11 布置主光灯

将主灯置于主体右侧,并与主体成45°角,这只是一种可能的灯位。不同的灯光布置会产生不同的效果。主灯的位置一旦选定,照片的基本影调便得以确定和控制。

第二步：添加辅助灯

主灯可以投下很深的阴影，辅助灯的作用是为阴影补充一些光线，以便使阴影的细部突显出来。但是，切忌用功率大于或者等同于主灯的辅助灯，以免产生另一个与主灯产生的阴影互相抗衡的阴影。主光灯居主导地位，它决定着阴影——高光区的基本影调，因此辅助灯的强度必须比主光灯弱一些，这样它才不至于将主灯制造的阴影抵消。辅助灯可使最终的照片看起来更自然。

在放置辅助灯时要确保它不会把相机的影子投射到画面中。要使灯高于相机，或者使之位于相机一侧。如果把灯放在相机旁边，那么它的位置应当与主灯相对。

第三步：添加背景灯

最后，还可以另外增加一盏泛光灯或聚光灯，用于照亮主体身后的背景，目的是使主体从背景中分离出来。至于应把背景光射向主体后面的哪一点则由摄影者自己决定。可以照亮整个背景，也可以选择地照射背景的某个很小的区域。在放置背景灯时，要四处移动，尝试使用泛光灯和聚光灯，同时仔细察看不同背景灯产生的不同影调和效果。

一旦掌握了上述三步式布光法，就能够应付包括人像摄影和静物摄影在内的家庭影室中的一般性拍摄了。

📖 思考与练习

一、简答题

1. 光线的造型作用有哪些？

2. 逆光的表现力是什么？

3. 三点布光的基本程序有哪些？

二、名词解释

1. 硬光　　　　　　　　　　2. 软光

3. 顺光　　　　　　　　　　4. 前侧光

5. 逆光　　　　　　　　　　6. 主光

7. 辅助光　　　　　　　　　8. 背景光

9. 轮廓光

三、实践题

1. 利用不同光质拍摄一组静物作品。

2. 利用不同光位拍摄一组人像作品。

3. 在室内按照三点布光方法布置光线，并进行拍摄练习。

第5章
摄影曝光基础

　　曝光，是摄影学习中一项最基本的技术。当我们拿起相机对着景物进行拍摄的时候，总希望能够获得密度大小合适、影纹层次清晰、色彩还原正确、明暗部位都获得较好表现的照片，要做到这些，就需要学会控制好曝光。本章针对摄影曝光的基本知识，力图用浅显的文字和图例来阐述，希望能给摄影学习者有益的帮助。

5.1 曝光基础知识

　　摄影时按下快门按钮，在快门开启的瞬间，光线通过光圈的光孔使感光介质（胶片或图像传感器）感光生成影像，这就是摄影曝光。对于数码摄影来说，曝光使景物通过照相机镜头聚焦在CCD/CMOS芯片上，CCD/CMOS芯片把影像分解为成千上万的像素，并转换为电流信号。电流信号通过模/数转换器转换为二进制的影像数据，并存储在照相机的存储器中。

1. 曝光量

　　曝光量是指光线通过镜头到达感光介质的光亮值。具体地说，曝光量的计算方法是用光线的强度乘以光线通过的时间。其中，光线的强度是指感光介质受光线照射的强度，光线通过的时间即曝光时间。

2. 正确曝光

　　正确曝光是指影像正常地反映了原景物的亮度关系，是对原景物客观、真实的再现。正确曝光是一个相对的概念。控制曝光是指根据景物的亮度和记录、表现景物的需要，选择适当的光圈和快门组合，正确记录景物的影像。当控制曝光量能够正常反映原景物的亮度关系并真实再现景物的色彩和影纹时，我们可以认为达到了正确曝光。

　　摄影者为了达到正确曝光的目的，必须利用照相机本身的两个重要装置来控制曝光，即光圈与快门。光圈控制通光孔的大小即通光量的大小，快门控制曝光时间。将光圈与快门恰当配合，就可以得到所需的正确曝光量，或者获得与摄影者要求一致的曝光量。

3. 互易律

从曝光量的计算公式可以看出：曝光量与光照强度及光照时间都是成正比的；而在曝光量一定的情况之下，光照强度与光照时间是成反比的。

在摄影感光过程中，光照强度由光圈控制，光照时间由快门速度控制，它们一起决定了摄影中的曝光。一个光圈搭配一个快门速度，称之为"曝光组合"。不同的曝光组合获得相同曝光量的情况，我们称为等量曝光，如：F11 和 1/125 s、F16 和 1/60 s、F8 和 1/250 s 等等，这些曝光组合得到的曝光值是等量的。仔细研究这些等量曝光的曝光组合，可以发现它们之间的变化具有一定的规律，即：光圈开大一级，快门就加快一挡；而放慢一挡快门，则需要收小一级光圈。这种以保持原有的曝光量为前提，对光圈与快门速度进行同步反向调整的过程，我们称为互易或倒易。光圈与快门速度互易获得等量曝光的规律，称为互易律或倒易律。正是因为互易律的存在，所以同一光线条件下人们能选择的曝光组合才会多种多样。

 ## 5.2 曝光估计与影响因素

学会估计曝光量并控制曝光是摄影的基本功之一。学会正确估计曝光，首先要记住标准的曝光组合。常规拍摄条件下，获得正确曝光的曝光量是恒定的。如果我们把常规拍摄条件确定为春秋天阳光下，时间是日出后两小时至日落前两小时内，使用ISO100的感光度，其拍摄的标准曝光组合是：F11 和 1/125 s，这个组合也被称为黄金曝光组合或黄金曝光率。这是因为，春秋天阳光的照射亮度基本相同，两个季节有半年的时间，户外阳光是最常见的，日出后两个小时至日落前两个小时不但照射时间长，而且这个阶段的亮度比较恒定。

记住黄金曝光组合以后，还要掌握影响曝光的诸多因素，并根据实际经验对曝光组合做出合适的调整。首先物体自身的亮度是影响曝光的主要因素。在自然光下拍摄，物体的亮度来自太阳的照射，它的曝光就要受到季节、时间、天气和照射角度的影响。此外，拍摄时所处地理纬度、海拔高度和环境的亮度都会影响曝光，感光度、是否使用滤色镜等因素也会影响曝光量。

1. 季节的影响

一年四季，太阳光的照度是不一样的。如果以春秋天的光照亮度为基准，夏天的光照就显得强，需减少一级曝光，可以收小一挡光圈或加快一挡快门；冬天的光照相对要弱，则需要增加一级曝光，可以开大一级光圈或放慢一挡快门。比如，在快门速度不变的前提下,夏季将光圈改为F16,冬季将光圈改为F8;或者光圈不变,夏季将快门速度改为1/250 s,冬季将快门速度改为1/60 s。但如果拍摄运动物体并且运动速度较快的话,1/60 s的快门可能就会使运动物体出现虚化,因此需要根据拍摄主体灵活选择快门和光圈组合。

2. 时间的影响

在一天的时间段里,太阳的照度也是不同的。太阳刚升起的时候光照较弱,而后逐渐亮起来,在日出两个小时以后才趋向稳定,这种稳定会保持到日落前两至三个小时。这段时间里,曝光量基本一致。而日出后两小时以内和日落前两小时以内,太阳的照度在不断地变化,在接近地平线时变化是最大的,有时凭估计很难获得准确的曝光,需要运用测光表或机内测光系统进行测光,加以确定。

3. 天气的影响

太阳光的照度和光质受到天气变化的影响很大。天气变化对曝光量的影响也很常见。我们可以把天气分为不同的气象情况:晴天、薄云、多云和阴天。薄云时和晴天差不多,但晴天和多云、阴天的亮度差别较大,亮度依次递减一级。因此快门速度不变时,可以将光圈依次开大一挡,如多云时光圈F8,阴天时光圈F5.6。

4. 照明角度的影响

物体受光照射的角度不同,对曝光量也有影响,上面的黄金曝光组合是以正面光(顺光)为基准的,如果侧光可以增加半级曝光,逆光可以增加1～2级曝光。

5. 感光度的影响

感光度对曝光的影响是十分直接的。ISO感光度每相差一倍,曝光量就相差一级。如ISO 200比ISO100感光度高一级,在光圈不变的前提下,快门速度可以调快一挡;ISO50比ISO100感光度低一级,在光圈不变的前提下,快门速度可以放慢一挡。在暗弱光线下,或者拍摄一些纪实、新闻类摄影作品需要提高快门速度时,或者使用长焦镜头手持拍摄时,可以使用高一点的ISO感光度,但前面已经说过,数码相机的高ISO会带来噪点。

6. 滤色镜的影响

不同滤色镜有不用的阻光率,会降低通过镜头的光通量,因此在使用滤色镜时要适当增加曝光量,将快门速度调慢或将光圈开大,来弥补因滤色镜的挡光所引起的曝光不足。一般将该滤色镜的滤光因数乘以原来使用的快门速度,即可得到使用滤光镜后应调整的快门挡。如某滤光镜的滤光因数是2,原来使用的快门速度为1/250 s,使用该滤光镜后快门速度应该为2×1/250 s=1/125 s。

7. 地理纬度和海拔高度的影响

随着拍摄地点地理纬度和海拔高度的变化,阳光的照射强度也会发生变化;在同一时间内拍摄,南北纬度每相差15°左右,曝光就相差一级;同一个纬度离地面海拔越高,阳光就越强。海拔800 m以上至1 000 m时,曝光应减少1/4级,2 000 m时应减少1/2级。因此,在高原地区或者南方进行拍摄时应注意这些因素的影响。

 5.3 测光方法

为了准确曝光,需要用测光表或相机机内测光系统进行测光,前面已经介绍了测光的模式,主要有平均测光、中央重点平均测光、多区域测光、立体矩阵式测光、点测光等多种方式,这里不再赘述。

下面介绍测光的方法。根据光源的性质和照明状况,拍摄时被摄体的受光情况大致有三种:连续光、闪光和混合光。在这三种光照下,测光的方法是有区别的。

1. 连续光测光

连续光的最大特点是稳定及便于观察照明效果。因此,它的测光方法是最多的,通常有机位测光法、接近主体测光法、中性灰卡测光法、被摄体主调测光法、替代法、最亮点与最暗点测光法以及多点测光法等。其中,最为实用的是中性灰卡测光法、被摄体主调测光法和替代法。

1)中性灰卡测光法

中性灰卡测光法是既简便又较为准确的测光法,它将反射率为18%的标准灰卡作为测光对象。用此法测光时,要尽量使中性灰卡靠近被摄体,并与之平行,灰卡正对照相机,与镜头光轴垂直,为避免灰卡反光,可将灰卡稍向前俯。中性灰卡测光法最大的好处是可以避免因对被摄体的测光部位选择不当而产生测光误差。一般摄影器材店都销售灰卡,买一个放在自己的相机包里,关键时刻会起作用的。

图5-1是由柯达公司最先发明的"18%灰卡"。顾名思义,这卡片的反光率正好在18%,即和相机测光表的18%测光标准一样。在使用相机的测光表时,只需在拍摄对象前面放置灰卡,然后拿镜头瞄准,就可以获得正确的曝光数字。

2)被摄体主调测光法

当被摄体的亮部和暗部分布均匀、照明均

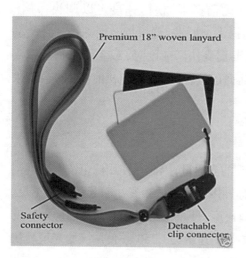

图5-1 灰卡

匀时,测光是很容易的;反之,测光就变得较难了。遇到这种情况,一般可采用被摄体主调测光法。该法是对被摄体的主要局部作"点测光"的测光方法,它的操作较简便,测光时的关键是选好被摄体的主调,即是以被摄体的亮部作为主调,还是以中间调部分或暗部作为主调。

被摄体测光法的优点是能确保被摄体主调部分有良好的层次与细节表现。

3)替代测光法

用平均测光、中央重点平均测光模式进行测光的时候,如果离开被摄物体比较远,而又无法靠近被摄主体时,可以用自己的手背作为替代物进行测光,因为我们黄种人皮肤的反光率比较接近18%的中性灰。不过,前提是手背的受光条件应该与被摄物体一致。测光时,需要将镜头对准手背,并使它充满画面,不要将自己的投影落到手背上。

2. 闪光测光

闪光不同于连续光,它只是瞬间发光。因此,使用一般的连续光测光表是无法进行正确测光的,必须考虑带有闪光测光功能的测光表,并且将测光状态置于"闪光测光"状态。目前对闪光的测光一般采用入射式测光表测量,测得的数值是闪光照明下反射率为18%的中性灰的曝光值。如图5-2所示。

手持测光表是直接测量入射光而非反射光,所以测试出来的光都是准确的。在从前胶片机时代,测光表是很盛行的。时至今日,测光表仍被广泛使用在杂志摄影中。

3. 混合光测光

混合光是指发光性质不同的光源混合使用。它在摄影中其实并不常用,主要是因为不同光源的色温不同,会给被摄对象各

图5-2 Minolta的一款测光表

区域色彩的准确还原带来困难。另外,性质不同的光源混合使用,尤其是连续光和闪光混合使用,也会给影像的曝光控制带来困难。

 ## 5.4 曝光技巧

1. 树立正确曝光应该是最佳曝光的理念

在数码摄影时代,获得正确曝光的方式往往要依赖相机的测光系统,数码相机的测光系统现在已经比较完备,能够胜任几乎所有复杂的拍摄场景。从技术上讲,最原始的测光系统会将画面亮度还原为18%灰,但由于拍摄场景千变万化,摄影师所希望表达的情感也千差万别,因此技术上的正确曝光往往不是一张照片的最佳曝光。作为摄影师,应该寻求作为照片最佳表现效果的曝光,而不是技术上的正确曝光。

2. 掌握曝光的正确顺序

在拍摄完成一张照片的过程中,测光以及正确曝光的工作和构图一样,起着举足轻重的作用。为了能让初学者更好地理解这一过程,下面将讲解一下数码单反相机拍摄时的曝光操作顺序。

第一,选择测光模式:根据被摄体的特点选择恰当的测光模式。

第二,选择感光度:要根据环境光线的强弱,结合拍摄焦距和安全快门等因素,来设定适用的感光度。

第三,设定白平衡:根据光线条件确认白平衡,通常可选择自动白平衡模式。

第四,确定曝光模式:从光圈优先、快门优先、程序自动曝光和手动曝光以及图像模式等几种曝光模式中选择。

第五,取景构图:根据拍摄意图完成取景构图。

第六,考虑是否使用曝光补偿:如果需要对曝光进行微调,这一步可以使用曝光补偿功能。

第七,按下快门完成拍摄。

3. 了解反差与宽容度

在一张照片中,即使被摄体处于平均光照下,其最亮部和最暗处的亮度差距也可能很大。典型的例子就是都在自然光条件下,身着黑色的西服和白色衬衫的人物,如果用入射式测光表测光,它们的反差能达到6挡之多。光比是摄影上重要的参数之一,指照明环境下被摄体暗面与亮面的受光比例。同时拍摄光比很大的元素时,它们的细节往往不能完美记录下来,因为相机的宽容度是有限的。数码时代感光元件的宽容度有所增加,但还是无法与肉眼所能观察到的明暗细节相媲美。相机的宽容度一般为5～7挡。相机优先的宽容度只是一个客观的存在,并不是限制摄影师创作的绊脚石。因此,了解景物亮度反差和相机的宽容度有助于拍摄者实现预计的拍摄意图。

4. 灵活运用曝光补偿

数码单反相机的测光系统在复杂的光线情况下可能有所偏差,此时拍摄者可以利用曝光补偿这一特殊的工具对相机测定的曝光数据进行相应的调整。面对光效复杂的拍摄场景,有些拍摄者选择使用点测光功能,而有些拍摄者则凭经验在评价测光的基础上大胆运用曝光补偿。

5. 使用包围曝光

包围曝光是所有曝光手段中最为可靠的"武器"。在难以选定合适的曝光值的情况下,拍摄者可以在±3挡范围内以1/2挡或1/3挡曝光量为递进拍摄多达5张甚至7张曝光不同的照片，以便在后期整理时获得最佳曝光。更为重要的是，只要进行简单的设定，包围曝光功能便可以自动完成，这大大减少了拍摄者的工作量。当拍摄者跋山涉水辛苦获得美丽的景色时，获得曝光正确的照片对拍摄者来说是最重要的。虽然包围曝光是一种比较简单的方法，但它却是最可靠、最有效的。因为它还有另一个巨大的作用，那就是在光比很大的拍摄场景中，可以获得曝光值不同的多张照片，以便在后期处理中将它们进行合成，生成 HDR（高动态范围）影像这种特殊效果的图像。

6. 舍弃暗部的曝光方法

由于自然界中光线营造的明暗反差和相机宽容度较为优先的事实，拍摄者在曝光时往往难以做到将画面中所有的细节都清晰地呈现出来。面对拥有极端光比的拍摄场景，拍摄者必须在曝光时做出相应的取舍——是舍弃画面的暗部，还是舍弃画面的亮部。舍弃一定细节的曝光方式虽然损失了拍摄现场的一些信息，但很多时候却能让照片产生更强的形式感或得到完美的低调和雅致的高调效果。

在曝光倾向的选择上，必须为照片的主题所服务。舍弃暗部的曝光方法适合表现暗背景中相对明亮的被摄主体，舍弃暗部层次，保留画面亮部的细节，可以凸显主体，形成空间感和层次感。如图 5-3 所示。在该作品中，拍摄者拍摄了一只发光的水母，水母周围漆黑一片，拍摄者利用压低暗部的曝光方法舍弃了暗部的层次和细节，凸出表现亮部的水母，达到了突出主体的目的。

图 5-3　舍弃暗部的曝光照片　　　　　图 5-4　舍弃亮部的曝光照片

7. 舍弃亮部的曝光方法

拍摄中，如果希望突出暗部细节，那么就舍弃亮部细节，增加曝光。如图 5-4 所示。拍摄者在拍摄这张照片时采用了舍弃画面亮部的曝光方式。这是在杜甫草堂拍摄的一幅杜甫铜像，因为铜像处在一个亭子内的阴影中，亭子又处在草堂中，周边草色青青，阳光照射充足，亭子内外光线色温不同。如果对铜像及其周围环境采用评估测光，那么铜像就会曝光不足,而且阴影中的铜像会有冷调效果,不符合铜像的塑造风格和色调。因此,作者采用对铜像进行点测光的方法,加1/2级曝光补偿,铜像曝光比较明亮,但是亭外受到阳光照射的花草树木,由于光亮充足曝光量过度,就成了白花花一片看不清楚了。这样使背景简洁,突出了铜像的主体。

 思考与练习

一、简答题

1. 测光方法有哪些?

2. 影响曝光的因素有哪些?

二、名词解释

1. 正确曝光

2. 曝光量

3. 互易律

4. 黄金曝光率

5. 自动包围曝光

6. 曝光锁定

三、实践题

1. 用点测光模式拍摄一幅反差大、对比度明显的照片。

2. 用包围曝光模式拍摄一组照片。

3. 用曝光补偿拍摄一组照片。

4. 用曝光锁定方法拍摄一组照片。

5. 用舍弃暗部的曝光方法拍摄一幅照片。

6. 用舍弃亮部的曝光方法拍摄一幅照片。

第6章

画面景深

优秀的摄影作品,总是采用一定的技巧来控制画面的虚实,来表达画面的主体。这种画面的虚实处理就是景深艺术。景深是什么? 景深受到哪些因素的影响就是本章要讨论的主要内容。

 6.1 模糊圈

当我们拿起相机拍照的时候,景物的光线射入相机的透镜组,汇集成一个点之后,再扩散开来,这个汇聚在一起的点就是影像最清晰的点,即我们通常所说的焦点。这个最小的光点实际上是一个极小的圆圈,可测量其直径。离开聚焦点前后的其他景物在胶片或感光器件上会呈现不同直径的光的圆圈。每一个这样的圆圈都可以说是一个光点,而影像从本质上可以看成是由无数个光点构成的。光点的直径越小,影像越清晰,随着光点直径的增大,影像渐渐地变模糊。所谓的模糊圈就是指一个临界的光点。当构成影像的光点直径小于这个临界光点的直径,即小于模糊圈直径时,就能产生清晰或较为清晰的影像,当构成影像的光斑大于这个临界光点的直径时,影像就变得模糊了。

模糊圈是理解照片上之所以会产生清晰的区域和模糊的区域的关键因素。一张照片上的影像看上去是清晰的或模糊的直观原因,在于眼睛对于照片上各部分细节的分辨能力,能分辨出的,就是清晰的;不能分辨出或不完全分辨出的就是模糊或不大清晰的。人眼的解像力与人眼的视力、观看照片的距离以及照片的放大倍率等有一定的关系。同时,人眼的解像力由于视觉生理的原因,存在一定的局限性。我们的眼睛不能分辨出影像中的一个极小的光的圆圈和一个极小的光点的差别,肉眼能辨别的最小的光点的临界,被称为"影像允许的模糊圈"。

■◣ 6.2 景深

在拍摄之前,摄影者要对准被摄的对象进行聚焦,聚焦之后,被摄对象才能在焦平面上形成清晰的影像。根据透镜成像的原理,聚焦点前面的景物在焦平面的后面形成清晰的影像,聚焦点后面的景物在焦平面的前面形成清晰的影像。事实上,焦平面上只有聚焦点处的影像是清晰的,而别的部分都是被弥散的影像,相对而言是模糊的。距离焦平面很近的影像,由于被弥散的程度不大,在焦平面上看起来仍然较为清晰。当我们对着某个拍摄对象聚焦后,对焦点前后景物都清晰的画面的空间深度感是很强的,而拍摄对象清晰,前景和背景模糊的画面的空间感比较弱。这种空间感的形成,可以通过对景深的选择来实现。景深就是指被摄景物中能产生清晰影像的最近点到最远点的距离,也即是说,景深就是在对焦点前后延伸出来的清晰区域,或者说是纵长深度。位于对焦目标前的那部分叫作前景深,位于对焦目标之后的部分叫作后景深。前后景深相加,叫作全景深。如图6-1所示。

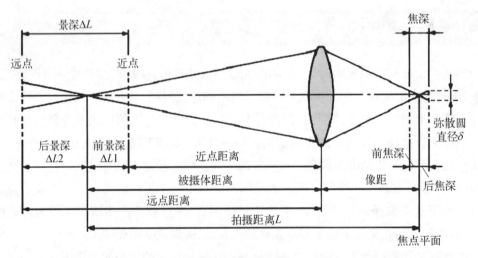

图6-1 景深原理图

清晰的区域越大,纵长深度越大,景深越大。从画面效果来看,当对焦点前后的区域都很清晰,甚至清晰到无穷远,画面全部细节都是清晰的,那么照片属于大景深。如图6-2所示。

反之,当对焦点前后的景物都模糊,只有焦点对着的主体部分是清晰的,那么照片属于小景深。如图6-3所示。

1. 影响景深的因素

是什么因素影响了景深的大小,下面通过作品的对比来说明。

图6-2 大景深画面效果

图6-3 小景深画面效果

1）光圈与景深

光圈的作用，不仅在于控制进入相机的光通量，同时还对画面的造型产生很大的影响。拍摄照片时，当选定聚焦点后，光圈的大小就直接关系着画面的模糊度。光圈越小，景深越大，模糊度越小；反之光圈越大，景深越小，模糊度越大。因为光圈的大小跟光圈系数成反比，所以对F系数而言，系数越大，景深就越大；系数越小，景深就越小。在同一位置、相同的对焦点，使用相同焦距的镜头，不同的光圈系数下拍摄的影像的清晰度范围不同。

通过选择不同的光圈，可以使得画面中的景物呈现出清晰和模糊的变化，从而获得不同的艺术效果。譬如在大场面的风光摄影中，从很近的景物到无限远的景物都清晰地展现在人们的面前，可以将光圈调整到F16或F22，甚至更小，然后再根据曝光量选配适当的快门速度。再如拍摄景别是中景或近景的照片，取人物半身以上的画面，需要选择F4.5或F5.6等稍微大一些的光圈，将焦点对准主体，这样拍摄的画面主体清晰，背景比较虚，突出主体。拍摄人物特写,往往选用大光圈如F3.5或F2.8,使主体清晰而背景虚化。如果需要强调周围环境与主体的关系,或者是利用周围环境来映衬、烘托气氛,也可以用较小的光圈,如F8将周围的景物表现得略微清晰些,使环境的因素在画面中得到强化。

下面两幅作品的光圈大小不一样,就呈现了两种不同的景深效果。

左侧的作品采用F2.8 1/800 s、ISO 200的组合拍摄,右侧的作品采用F10 1/60 s、ISO 200的组合拍摄。我们明显看到使用F2.8光圈值的作品其背景模糊得厉害,因此其景深小,而使用F10光圈值的作品背景模糊得轻,因此景深稍大。

图6-4　光圈不同景深不同的两幅作品对比图

2)焦距与景深

当我们站在同一个位置,对着同一个物体对焦,在相同的光圈下使用不同的焦距镜头拍摄,便会获得不同景深范围的照片。用62 mm的焦距拍摄的画面主体清晰背景模糊得轻,而用93 mm焦距镜头拍摄的画面背景模糊得厉害。如图6-5、图6-6所示。

这组作品充分说明了镜头的焦距与景深成反比。镜头焦距长,景深小;镜头焦距短,景深大。广角镜头所产生的景深总比远摄镜头所产生的景深大。

图6-5　使用62 mm焦距拍摄的画面　　　图6-6　使用93 mm焦距拍摄的画面

3）摄影距离与景深

摄影距离是指相机到被摄体物体之间的拍摄距离。当镜头的焦距不变、光圈不变时，摄影距离对景深就起到直接影响的作用。基本规律是，摄影距离与景深成正比。摄影距离远，景深大；摄影距离近，景深小。譬如，微距拍摄的景深总比被摄体在较远时的景深小得多。摄影距离为1.2 m与摄影距离为0.6 m，得到的画面景深差异明显。如图6-7、图6-8所示。

图6-7　摄影距离为1.2 m的作品　　　　　图6-8　摄影距离为0.6 m的作品

总之，在一张照片上，景深的大小取决于三个方面的因素：光圈、镜头焦距和摄影距离。掌握了这三个因素与景深之间的关系就掌握了获取不同景深的规律。譬如，获取最大景深的方法就是尽可能地使用短焦距镜头，以及最小光圈和较远的摄影距离。采用大景深方法拍摄的画面，其清晰度范围很大，往往从很近至无穷远都清晰。这种大范围的清晰度对拍摄环境的描绘，被摄主体在环境中的位置的交代以及景物透视关系的反映都非常理想。全貌建筑、风景风光以及大范围的群众场面等题材经常采用大景深方法拍摄。而获取最小景深的方法就是尽量使用长焦距镜头和最大光圈，并尽可能地靠近被摄物体拍摄。采用小景深拍摄的画面，往往只有被聚焦的拍摄主体是清晰的，画面中的其他部分，前后景物都呈虚化状，使画面产生强烈的虚实对比，强化和突出主体，使之从繁乱纷杂的群体中分离出来，构成明确的主题。小景深拍摄法是一种很有力的突出主体的拍摄方法，在人像、静物、花卉以及一些特写画面的拍摄中经常采用此法。

不过，不管是获得大景深还是小景深，在实际的操作中，对三个要素的调整，还需要根据情况注意适当性。譬如，获取大景深，可以通过尽可能地使用短焦距镜头来实现，但过短的焦距镜头会造成拍摄画面畸变，并且还会改变画面中的远近透视关系，近处的物体被放大，远处的物体变得更小。镜头的焦距越短，这种畸变和改变透视的现象就越严重。因此，除非拍摄画面允许畸变和透视关系失真的存在，在实际的拍摄中很少使用过短焦距的镜头来获取最大景深。同样，在获取小景深时，适当地缩小摄影距离可以使景深变小，但过度地缩小距离，则容易引起被摄主体形变失真。而采用长焦镜头来获取小景深，同时会带来空间透视压缩的效应。因此，在实际的拍摄中，需要学会综合运用三个决定要素来控制画面的景深。对景深的控制是摄影的主要技术之一。通过控制景深的大小,可以拍摄出不同需求、不同视觉风格的作品。

2. 景深的应用

缩小景深,仅仅清晰地表现重要的物体而使其突出,让不需要的物体虚糊而被隐去;扩大景深,使所有的被摄体在画面上都清晰地展现,表现出它们的每一处细节。

小景深可以使环境虚糊、主体清楚,是突出主体的有效方法之一。最小景深的获取方法是:最大光圈+最长焦距+近距离拍摄。但是如果拍摄使用大光圈,光线太亮的话,使用相机上的高快门速度,曝光可能仍然过度,此时解决的方法之一是使用尽可能低的ISO值,如果还过度,就需要使用"中性灰滤光镜"进行减光。

景深越大,被摄景物的清晰范围就越大。采用"最小光圈 + 最短焦距镜头 + 超焦距聚焦"能获取最大景深效果。但是如果光线太暗,使用最小光圈时,相应的快门速度需要慢下来。手持相机拍摄时,容易造成画面抖动,解决的方法之一是使用三脚架或类似的支撑物,方法之二就是提高ISO值,当然如果拍摄室内的景物,也可适当增强照明。

 ## 6.3　超焦距

超焦距又称为超焦点距离,根据景深的原理,超焦距是指当相机镜头调焦至无限远处时,从无限远到距离相机镜头的某一点,会出现一个景深范围,我们把从镜头到景深最近点之间的距离称为超焦距。当我们将聚焦点移到超焦距上时,景深扩大为1/2超焦距到无穷远。

由于拍摄时景深大小取决于镜头焦距和光圈系数等因素,超焦距并不是指某一种固定的距离,而是会随着光圈、镜头焦距和模糊圈的变化而变化。不同的光圈有不同的超焦距。超焦距与光圈系数成反比关系,也即同光圈大小成正比关系,光圈越小,超焦距越小;反之光圈开得大,超焦距也大。超焦距与镜头焦距的平方成正比关系,镜头焦距越长,超焦距越远。也即,使用长焦镜头的超焦距比标准镜头大,而使用标准镜头的超焦距又比用短焦镜头的大。

应用超焦距原理是扩大景深的一种特殊手法。超焦距一般用H表示,当镜头调焦于超焦距位置时,景深范围可以扩大到从H/2到无穷远。其原理在于景深分为前景深和后景深,当对焦距离为无限远时,则从超焦距到无限远的范围只是前景深,而后景深则全部隐没在无限远中,未能实现其实际价值。如果将超焦距对准对焦中线,无限远后移,则前景深正好是超焦距的一半,而后景深在无限上,从而使景深的范围加大。如图6-9所示。

超焦距聚焦能将景深扩大,若配合使用较小的光圈,便可以获得最大的景深。小光圈配合超焦距的聚焦方法,常用于需要极大景深的大场面风光或群众画面的摄影。在拍摄新闻、民俗、纪实等题材的照片时,也可以利用超焦距得到最大限度的景深,从而在拍摄时

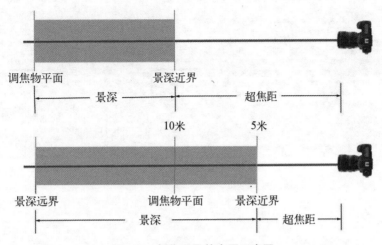

图6-9 超焦距及其应用示意图

免于调焦,专心于构图和取景。此外,超焦距也常用于一些抓拍的场合。这是由于被摄物出现的位置或动作神态经常无法预料,一旦出现,也往往来不及迅速聚焦,尤其是使用手动聚焦的照相机的情况下,只有让景深处于最大范围,才能方便地捕捉精彩动人的瞬间。当然,当采用超焦距拍摄时,大光圈也不能虚化背景。

思考与练习

一、简答题

1. 什么是景深?它有什么特点?

2. 影响景深的因素有哪些?

3. 什么是超焦距?怎样利用超焦距摄影?

4. 如何根据拍摄主体和主题,选择合适的景深?

二、名词解释

1. 模糊圈

2. 超焦距

三、实践题

1. 拍摄大景深和小景深的照片各一幅,比较其参数差异。

2. 利用超焦距拍摄一幅景深最大的照片。

第7章
动体与动态拍摄

下落的水滴、变幻的星空、奔跑的动物、行驶的汽车等等,这些被拍摄的物体都是运动的状态,这些运动的物体出现在画面上,会使摄影作品更加生动,使静止的画面产生动感。如何用相机表现这些物体的运动状态,产生动感? 本章就来讨论运动拍摄的目的和方法。

 ## 7.1　运动摄影对相机的要求

1. 快门

镜间快门速度不能达到很高,一般在1/500 s以下,这种快门拍动体基本不会变形;对焦平面快门而言,一般能够达到1/1 000 s以上,拍任何动体都能使其凝结成清晰的影像,但缺点是用高速快门拍摄时动体易变形。

2. 取景器

相机取景器应当明亮,通过取景器看到的景物应该与自然景物一致,没有视差。单反相机没有视差,透过取景器看到的是动体的正常运动,追随拍摄比较方便。

3. 镜头

广角镜头的景深大,对焦范围余地大,适合近距离抓拍;长焦镜头使主体突出,能把远处的景物拉近抓拍,适合体育运动摄影;但其景深短,必须精确对焦。

 ## 7.2　快门时间的设定

拍摄动体时,确定快门时间应依据四个因素:

1. 动体本身的运动速度

动体运动速度越高,就得用越高的快门速度来拍摄。根据运动物体的状态和速度来选择适当的快门速度,拍出的图片才富有个性,不仅能够有效记录,还能增强图片的表现力。

2. 拍摄者与动体间的距离

距离动体越近,快门速度就要越高,反之,则可以放慢一些速度。距离近,则位移快;距离远,则位移慢。这种视觉现象是影响快门选择的重要因素之一。

3. 所用镜头的焦距

快门速度应随着镜头焦距的增加而加快。长焦镜头需要用高速快门。因为长焦镜头不容易对焦,使用慢速快门容易晃动造成模糊。

4. 拍摄者和动体间的角度变化

拍摄者和动体间的角度变化指的是动体的运动方向和相机镜头光轴所形成的角度。随着角度的增大,快门速度应相应提高。对于拍摄迎面而来或背向而去的动体,因为其相对位移较慢,可以选用较慢的快门速度拍摄;对于45°左右的角度时,要适当提高快门速度,才能拍到动体的清晰影像。当运动方向与拍摄方向越接近于直角时,选择的快门速度应越快。以骑行自行车为例,角度为0°时,可以采用1/60 s的快门速度;角度为45°时,快门速度应该达到1/125 s;角度为90°时,则需要1/250 s的快门速度。

此外,快门时间的设定还需要根据表现目的来确定,如果想表现动体清晰的效果,则需要相对高速一点的快门速度,如果想表现动体模糊的动感效果,则需要慢速快门。下面分两节介绍拍摄动体清晰和动体模糊的快门设置和拍摄方法。

 ## 7.3 拍摄动体清晰

抓拍动体清晰,就是将物体运动过程中的某个瞬间拍摄下来,一般用于捕捉一些转瞬即逝的画面或者拍摄运动速度较快的物体。要清晰地记录运动物体的运动状态,必须考虑以下三点:一是尽量选择相机的高速快门来凝固动体;二是仔细观察运动物体的状况,注意动体的运动速度、运动方向和拍摄者的距离,如上一节所讲;三是注意拍摄时机,要熟悉动体的运动规律,对可能产生的影像有预见性,在快门速度受到制约时,避免一些过于激烈的瞬间,提高影像的清晰度。

为了保证基本良好的曝光,可以选择快门速度优先模式。在快门速度优先模式下,拍摄者决定快门速度,而相机则根据光照情况确定其他设置(如光圈),从而确保照片得到良好的曝光。快门速度优先模式非常方便，能保证得到想要的动态效果，同时又能让照片获得基本良好的曝光。

在设定快门速度优先模式的快门速度时，以下数据可供参考：一个人从地面上跳起，需要 1/500 s 的快门速度才能将他跳在空中的姿态凝固住；一个人跳舞，可以使用 1/250 s 将其拍摄清楚；体育运动类项目中，百米冲刺的正面拍摄需要 1/250 s，而如果是侧面拍摄（直角）时，需要 1/500 s；体操中的空翻动作，需要 1/500 s 以上的快门速度。奔腾的江水至少需要 1/250 s 的快门速度将其凝固。

 ## 7.4　动体模糊

除了将运动物体拍清楚以外，还可以适当放慢快门速度，使运动物体的局部位置或整体出现一定的模糊度，产生动感效果。选择快门时间的依据应是动体运动速度较慢部位能凝滞成为清晰影像即可，快门速度不能太高，必须使运动快的部位因移动而虚化，简称动虚；动虚是用较慢的快门取得动体模糊的虚化画面的效果。动虚有三种基本效果：一是动体的形象基本模糊，与周围清晰的形象形成虚实对比，通过影像的虚化来产生动感印象；二是动体的形象大部分模糊，但有部分清晰，动体自身表现出虚实的动感效果；三是画面彻底虚化，产生抽象的影像。拍摄动体模糊的照片要注意以下几个问题：

一是选择合适的低速快门使动体影像模糊。如拍摄舞龙，用 1/100 s 可拍到略虚的龙体，用 1/60 s 则龙体虚成一片，获得动感强的画面效果。如图 7-1、图 7-2 所示。

图 7-1　1/100 s 拍摄的舞龙　　　　图 7-2　1/60 s 拍摄的舞龙

拍摄舞蹈、舞台表演等内容时，选用 1/250 s 的快门速度会将表演者的动作拍摄清楚，而用 1/125 s 或 1/60 s 的快门速度，在表演者转身或转头的瞬间按下快门，可以将人脸甚至身体拍摄清楚，而转动的裙摆或者挥舞的衣袖会虚化，这样会增加动感效果，如图 7-3、图 7-4 所示。

而用 1/8 s 或更慢的快门速度拍摄，模糊的部分会增大，甚至整个表演者都被模糊，动感会更加强烈。如图 7-5 所示。

图7-3　1/60 s拍摄的表演者　　　　　　　图7-4　1/125 s拍摄的表演者

　　拍摄瀑布、水流等动体，如果要把溅起的水珠拍成颗粒状，需要用较高快门，如1/250 s以上。但要将瀑布水流拍成布状，就需要用1/8 s以下的慢速快门，甚至用1/2 s的速度。如图7-6所示。

图7-5　1/8 s拍摄的舞者　　　　　　　图7-6　1/2 s的快门速度拍摄的瀑布

　　二是要注意稳定相机，尤其是当要记录物体的运动轨迹时，可以将相机固定在三脚架上，用B门拍摄。如夜间汽车的尾灯，长时间曝光可将行进中的尾灯拉成一条条漂亮的线条。

　　三是要注意曝光，因为拍摄动体模糊的照片需要慢快门，如果现场光线很明亮，当采用的光圈还不能太小的条件下，有可能会出现曝光过度的情况。此时应该选用数码相机较低的感光度，如果还是曝光过高，就需要使用中性灰滤光镜，减少光通量以保证曝光正常。

7.5 追随拍摄

图7-7　1/30 s追随拍摄的轮滑运动员

行驶中的车辆、快速奔跑的人，还可以用追随法进行拍摄。

所谓追随法，这是一种运动物体从照相机镜头前经过，摄影者手持相机并以与动体基本同等的速度跟随运动物体移动（或转动），并在移动过程中按下快门的拍摄方法。这样，动体被留住了动态，是清晰的，但背景却因相机的移动出现模糊并被拉成线条形状的动线，从而给人一种动体在"动"的感觉，凸显被摄物体的动感，产生间接动感效应。如图7-7所示。虚糊的背景更有利于表现主体，动感强烈，气氛逼真。这种追随法常用于拍摄连续运动的体育项目，如自行车比赛、百米赛跑等。

追随法也被称为摇摄。拍摄中，应该注意以下几个问题：

一是追随拍摄中的快门速度不宜太快，不然会把背景给"凝注"，丧失应有的效果。如使用快门速度过高时动感不强，追随效果不明显；通常，快门速度以不高于1/60～1/30 s为宜，除非追摄特别快速的动体，那就另作别论了。但有时也会使用更慢一些的快门速度，如1/20 s甚至1/8 s，这样拍摄难度大，技术上不易掌握，主体容易模糊。

二是拍摄方向应与动体运动方向成70°～90°角进行拍摄，角度过小没有效果，甚至无法追随。

三是运用光线方面，使用追随法拍摄时，一般选用前侧光或逆光为好，以表现动体的轮廓。而且应选择深暗色的背景，背景最好是有树、山、房屋或人群等景物。这样在转动相机时，背景才能出现模糊的线条。如果背景没有景物，或是暗黑一片，拍摄时即使转动相机，也不会出现明显的模糊效果。

四是构图方面要注意，在动体前方应留有足够的空间，否则有压抑、"碰壁"之嫌。拍摄时应让动体处于画面的2/5处为佳，最多不超过画面的正中位置。

五是追随法拍摄主要用于表现动体的"动态"和"速度"。

常见的追随法有下面几种方向：

（1）横向追随：相机与动体的行进方向成90°拍摄时，相机平行追随动体。

（2）纵向追随：当动体纵向运动时，相机随之纵向追随。如小孩向上荡秋千，相机向上转动。

（3）弧形追随：当动体弧形运动时，相机随动体运动，弧形追随。

（4）圆形追随：当动体圆形转动时，相机圆形追随。

（5）斜向追随：当动体由高处下降时，相机可斜向追随。

 ## 7.6　变焦拍摄

变焦拍摄也称为变焦追随，可以看成是上面所讲的追随拍摄的一种，因为这种追随不是相机机位的追随，而是焦距的变化追随，拍摄者在面对迎面而来的动体时，利用变焦镜头，在变焦中追随拍摄。这时动体的四周会出现放射线条，有迸发的效果，也称爆炸性效果，或炸焦效果，动感很强，具有冲击力，让人的注意力集中到对焦物上。如图7-8所示。

图7-8　变焦拍摄迎面而来的汽车

拍摄爆炸性效果照片的成功点有三条：第一，注意始终将主体框在画面中央。第二，按快门必须与镜头的变焦运动同步，也就是说，在右手按动快门的瞬间，左手要同时变动焦距，这个同时性非常重要，是变焦摄影获得成功的关键。第三，必要时使用三脚架固定相机，因为手持相机进行变焦和按动快门时，镜头的拍摄方向很容易偏离原来对焦的主体，致使主体影像模糊，除非操作技术十分娴熟，否则就需要将相机固定在三脚架上。

在变焦追随拍摄时，因动体迎面而来，所以要特别注意安全问题。拍摄前要选择安全的拍摄点，以免被动体撞伤。另外，拍摄时的背景选择也十分重要，要避免清一色的背景和空荡无物的背景（如天空、开阔地带等）无法衬托主体。参差不齐、杂乱的近背景反而有利于衬托主体，如观看竞赛的人群。选择背景还要注意影调的对比。动体是浅色的，应选择深色背景；动体是深色的，应选择浅色背景。背景的明暗反差应错杂一点，色彩斑斓的背景更好，为的是在追摄中可造成漂亮的线条感，若拍彩色则更加绚丽多彩。基本拍摄操作要领如下：

（1）建议使用快门优先模式，快门大小与运动物体快慢相匹配。一般可设置快门为 $1/60 \sim 1/30$ s。

（2）使用智能伺服自动对焦模式，对焦模式将由开始的单点对焦转为连续自动对焦。主体运动或者刚要运动时，半按快门对焦，一直不要松手。

（3）保持被摄物与背景有明显的分别。

思考与练习

一、简答题

1. 要获得一幅动体清晰的照片,应如何选择快门速度?

2. 拍摄瀑布,要获得布状效果,应如何选择快门速度?

3. 如何拍摄横向追随效果的照片?

4. 夜间摄影,如何拍到车的尾灯拉出的线条效果?

5. 要获得成功的爆炸性效果照片,应注意哪些问题?

二、实践题

1. 拍摄一幅动体清晰的照片。

2. 拍摄一幅动虚的作品。

3. 拍摄一幅夜间车尾灯拉出线条效果的照片。

4. 拍摄一幅横向追随效果的照片。

5. 拍摄一幅爆炸性效果的照片。

6. 拍摄一幅布状效果瀑布的照片。

第8章

摄影构图

构图的目的是为了增强照片的表现力,什么是摄影构图? 什么样的摄影构图才能突出主体,表达主题思想? 要从哪些方面进行构图? 本章就来探讨这些问题。

 ## 8.1 摄影构图的概念

"构图"一词的英文是composition,原来是绘画艺术的专用名词,它的含义是把各个部分组成、结合、配置并加以整理,从而形成一个艺术性较高的画面,简言之构图就是指画面的布局和结构安排。

绘画构图指的是画面的布局和结构的安排,是一种主观构思,可以超脱于现实世界画出完全不存在的画面。绘画构图是在画面上将各种元素组合添加的过程,因此有人说绘画构图是加法的艺术;而摄影构图则不同,摄影构图是在有限的空间或平面上把被摄对象及各种造型元素借助在取景时诸如相机的距离、主体的大小、拍摄的角度、透视与空间的表现等方面的处理,对摄入画面的景物进行合理的安排;摄影构图是在客观选择基础上的主观创意,是一种减法的艺术。

摄影构图就是把要表现的对象,根据主题和内容的要求,有意识地把对象安排在画幅之内,把摄影者的意图表达出来。具体包括一幅照片给人的总的视觉感受,主体与陪体、环境的处理,被摄对象之间相互关系的处理,空间关系的处理,影像的虚实控制以及光线、影调、色调的配置,气氛的渲染等。

摄影构图的目的在于增强画面表现力,更好地表达画面内容,使主题鲜明,形式新颖独特。主体突出、意图明确、具有形式美感是摄影构图的基本要求。

应该说从摄影者拿起照相机准备拍照前进行的艺术构思直到一幅照片的完成,就是构图的过程,也就是用形象思维的方法来认识、反映客观事物的过程。摄影创作的成果,最终是通过画面构图来体现的,人们只有从画面上才能获得美的享受和启迪。摄影构图的意义在于把我们所要表现的客观对象,根据主题思想的要求,以富有艺术表现力和感染力的画面形象完美地表现出来。同其他造型艺术一样,摄影由于可视性的要求,不仅要有深刻的内在含义,还要有一个美的形式,使神与形和谐统一。

摄影的每一个题材,不论它平淡还是宏伟,重大还是普通,都包含着视觉美点。摄影构图的任务就是要提炼画面特征,运用各种造型手段,在画面上生动鲜明地表现主体形象,正确地选择和安排主体的位置,处理好主体和其他成分的关系,以恰当的拍摄角度和景别,配置好光线、影调、色彩、线条、形状等造型元素,获取尽可能完美的形式与内容高度统一的画面,从而最大限度地阐明创作者的意图。

8.2 画面构图的结构成分

画面构图的结构成分主要包括主体、陪体、环境和留白四大部分。安排画面元素就是要调整这几个成分在画面中的关系。

1. 主体

图8-1 荷花为主体的画面

所谓主体,就是画面中要突出表现的对象,主体可以集中体现作品的主题思想,是构图要突出的中心内容,控制画面全局的焦点以及画面的趣味中心,在画面中占据主导地位并占据显著的位置。如图8-1所示。

主体往往和整个照片的创作主旨息息相关,它可以是一个对象,也可以是一组对象。可以说,没有主体的画面是不能被称为一幅完整的摄影作品的。

主体的作用有两个:一是内容表达。主体必须是内容的中心,为主题服务,承担着表达主题思想的任务,是引导事件发展的主要形象,也是观众关注的焦点。二是结构画面。主体是画面结构的中心,是陪体和环境处理的依据,其他结构成分都应该为画面的主体服务,它的一举一动都会改变画面的整个布局。

一般说来,突出主体的方法有两种:一种是直接突出主体,让被摄主体充满画面,使其处于突出的位置上成为画面的视觉中心,再配合适当的光线和拍摄手法,使之更为引人注目;另一种是间接表现主体,就是通过对环境的渲染,烘托主体,这时的主体不一定要占据画面的大部分面积,但会占据比较显要的位置。重点有以下几种方式:

(1)以特写的方式来表现、突出主体。

(2)将主体配置在前景中,不仅能够突出主体,还能为画面摄取更多的元素。

(3)利用在影调或者是色调上与主体有鲜明对比的背景来衬托主体。

（4）利用明亮的光线来强调主体。

（5）虚化背景，进一步突出主体。

（6）利用汇聚线等具有指向性意义的客体来向主体汇聚，起到视觉指向性。

（7）把主体设置在画面趣味中心或者黄金分割点、三分点等位置。

2. 陪体

陪体是指在画面上与主体构成一定的情节，帮助表达主体的特征和内涵的对象。通俗地讲，陪体的主要作用就是给主体作陪衬、烘托、对比、解释和说明，如果说主体是一朵红花，那么绿叶就可能是陪体的。通常情况下，作为陪体的对象处于与主体相对应的次要位置，与主体相互呼应，恰到好处地设置陪体，有利于表达作品的主体特征和寓意，画面的视觉语言会更加生动有趣。如图8-2所示。

图8-2 荷花为主体荷叶为陪体

摄影者在利用陪体来对主体进行修饰的过程中，要注意：

（1）陪体主要是用来深化主体内涵的，千万不要喧宾夺主，主次不分。

（2）处理好陪体，实质上就是要处理好情节，所以在陪体的选择上，要注意其是否对主体起到一定的积极作用，不能生搬硬套，游离于主体之外，使画面失去原有的意义。

（3）陪体也有直接表达和间接表达两种，有时，陪体不一定要在画面中表现出来，在画外同样可以与主体一起构造画面情节。

（4）在与主体一起构造画面时，注意利用主次关系、大小关系、前后关系、明暗关系等来充分利用陪体陪衬主体。

3. 环境

在摄影画面中，除了主体和陪体外，还可以看到有些元素是作为环境的组成部分，对主体、情节起一定的烘托作用，以加强主题思想的表现力。对于处在主体前面的、作为环境组成部分的对象称之为前景；对于处在主体后的称之为背景。

1）前景

前景是画面中处于主体的前面、位于主体和镜头之间，并且与主体没有直接关系的景物。如图8-3所示。

陪体的位置在很多时候也处在主体的前面，但由于陪体与主体有着直接的关系，因此陪体不是前景。前景是摄影画面中比较独特的事物，是视觉语言所特有的一种现象和手段。通常被当作前景的景物多为花草树木，有时也可以是人或物，前景虽然与主体没有直

图8-3　树木作为前景

接的关系，但其出现在画面上却可以发挥一些特殊的功能与作用，主要表现在以下几个方面：

（1）衬托主体，让读者、观众的视线投向主体；用来说明主题，运用前景与背景进行对比，从而深化主题。

（2）增强画面的空间透视感和纵深感。通过前景与主体间的对比，显出景物的空间透视感和景物的深远，增强画面的纵深感。

（3）渲染气氛和表现环境。前景有助于画面气氛的表达，增强艺术感染力。

（4）用来平衡画面，起均衡作用。

（5）用来交代环境、季节、天气、增加图片的信息量。

（6）前景给予人们一种主观的地位感。比如，用门、窗、建筑物等鲜明特征的景物作前景，让其在画面上占有较大的位置，能够使欣赏者产生一种身临其境的亲切感。

图8-4　前景虚化具有朦胧的美感

在进行前景选择的时候，应该注意选择富有特色的前景，给画面增加装饰美。利用一些富有季节性和地方特征的花草树木作前景，能够进一步渲染季节性气氛和地方色彩，使画面具有浓郁的生活气息。如果对前景进行一定的虚化，能给人一种朦胧的美感，如图8-4所示。但是前景不应喧宾夺主，不应位于中心地位，最好不用活动物体做前景，色调不能太过于鲜艳。

2）背景

背景是指在主体后面、用来衬托主体的景物，对于突出主体形象及丰富主体的内涵都起着重要的作用。背景可以渲染气氛、表现环境、加强空间透视效果、平衡画面。然而，背景与前景最大的不同在于，一幅照片可能没有前景，但绝对不会没有背景，哪怕背景被虚化，什么也看不到，背景也是存在的。在摄影过程中，对于摄影画面的背景选择，拍摄者应注意三个方面：一是抓取特征，二是力求简洁，三是要有色调对比。

首先，摄影者要善于抓取一些富有地方特征、时间和地点的景物作为背景，明显地交代出事件发生的地点，以方便读者对作品的了解。如图8-5所示。拍摄者选取人民大会堂的天花板作为背景，群星环绕中间一颗大五角星，让读者一看就明白这是在人民大会堂拍摄的一幅照片。

其次，背景的处理要力求简洁，避免杂乱；摄影本身就是"减法"，在摄影过程中，需要将背景中可有可无的、妨碍主体的东西减去，以达到画面的简洁精练。摄影者可以采取多种摄影技巧来达到这种效果。比如，用仰拍的方式就可以避开地面上的杂乱景物，而以干净的天空作为背景，如图8-6所示。用俯拍的方式以马路、水面、草地为背景，可以使主体轮廓清晰，同样获得简洁的背景；用逆光的方式将背景尽可能乱的线条隐藏在阴影中；用长焦镜头小景深虚化杂乱的背景，主体会更加突出，如图8-7所示。这些方法都可以得到简洁的背景效果。

图8-5　有特色的背景

图8-6　仰拍以天空为背景

图8-7　长焦镜头小景深虚化背景

背景是用来说明补充信息的，因此不要杂乱，避免喧宾夺主。但在纪实和新闻摄影中，有时为了交代事件发生的现场环境，需要现场感强的背景，此时就应该选取合适的角度，用纪实的手法表达背景的杂乱或者现场形象，以突出事件的迫切紧急或表达身临其境的感觉。如图8-8所示。

这幅作品是新华网记者拍摄的四川汶川地震时一名北川中学的学生在武警官兵帮助下救助被压在瓦砾堆里的同学。作品的背景是地震后的一片废墟，断壁残垣和武警官兵，非常杂乱，但对作品表达的主题和意义而言，这种杂乱是必需的，很好地表现了现场感。

最后，背景要力求与主体形成色调或影调上的对比，

图8-8　汶川地震的救援现场

因此拍摄时应尽量避免背景与主体色调相近或雷同。如果主体以浅色为主,则应尽量选择暗背景;如果主体以深色为主,则应选择亮背景。这样才能形成色调反差,使主体具有立体感、空间感和清晰的轮廓线条,从而加强视觉上的力度。

背景的处理是摄影画面结构中的一个重要环节,只有在拍摄时细心选择,才能使画面内容精确,使视觉形象得到完美表现。

4. 留白

绘画中讲究"留白"。古人说"画留一分空,生气随之发",意思是在画面布局安排时不要满满当当,要适当地留出空白,这些空白让画面生发气息。其实摄影中也一样,摄影构图时也要进行"留白"。摄影中的留白指的是留出空白,空白一般指的是画面中色调相近、影调单一,用来衬托主体,并失去实体意义的物体。空白可以是天空、草原、大海、白墙,以及因景深控制造成的虚化背景等。留白在画面构图中能起到突出主体、创造意境、协调关系、丰富想象、获得动感等作用,有助于创作主题的表达。

1)突出主体

拍摄时在主体周围留出一定的空白是造型艺术的一种规律,它可以起到突出主体、增强视觉冲击力的作用。

2)创造意境

留白是生发意境的有效手段,在画面构图中有着不可或缺的作用。留取适当的空白,能够让观众的视觉有回旋的余地,思路也有变化发展的可能。反之,如果画面被塞得满满的,则会产生臃肿、压抑的感觉。

3)协调关系

留白是组织画面中各个对象呼应关系的条件,可以联系取入镜中的物体,协调它们之间的相互关系。适当的留出空白,使画面中其他实体对象与主体产生一定的联系和呼应。

4)丰富想象

留白可以让观众产生丰富的联想和想象,甚至将自己的以往心境和当前感受、体验结合起来,对丰富主体的内涵和意境有着重要的作用。

5)获得动感

在运动物体和运动画面的拍摄中,在运动方向上留出一定的空白,可以清晰地表达运动方向和运动趋势,给观众以强烈的运动感。

 ## 8.3　摄影构图的形状要素

点、线、面是平面构成中的三大要素,在摄影构图中也起着支配画面布局、决定视觉观看效果的作用。摄影构图既要运用抽象思维将镜头中看到的景物进行提炼,形成一般的特征;同时又要运用形象思维把特定的物体具象化,形成独特的个性特征。点、线和面就是综合运用抽象思维和形象思维对拍摄景物进行概括、提炼、抽象、具象之后得出的形状要素。

1. 点

点作为最基本的视觉元素,在画面中既可以独立存在,构成画面的视觉、情绪的核心,也可以集合存在,组成为线和面的基本单元。如图8-9所示。

在实际画面中,点有可能具有任何形状。日出、日落、花朵、飞鸟都有可能成为点的形状。点在画面中的位置,往往会牵涉画面中力的走向和重心。点在画面中的作用可以构筑力的平衡与失衡,在画面上形成视觉核心。

2. 线

线是被摄对象呈现出的线条特征,是一种基本的构图形状要素。自然界中存在很多具有线条

图8-9 落日可以抽象为点

特征的物体,可以运用抽象和形象思维使其变成线条,如辽阔的海面和草原可以抽象成水平线条;高大的建筑物、树木竹林可以抽象成垂直线条;蜿蜒曲折的山间小路、溪流和盘山公路等可以抽象成曲线条。

水平的直线会唤起对地平线的印象,从而引发对广大的空间、距离等概念的联想。水平直线本身也会给人以平衡、安静的视觉感受;垂直线给人耸立的感觉和高度的联想,与之相伴产生的是理性、冷静、精确、疏远等心理感觉;斜线生动,具有流动、失衡等内在气质,在表现力量、方向感、动感方面具有视觉冲击力,给人紧张、危险、气势和动感;曲线表现优雅、美丽和可爱,是一种轻松愉快的线条,人的眼睛很容易追随这种线条。如图8-10所示。

图8-10 各种线条形状的景物

3. 面

扩大的点或因点的堆积形成了面,一根封闭的线造成了面,因线的分割产生了面,因黑白或彩色的分布产生了面。面可以成为色调的主导,是展示肌理、质感的区域。面的大小、形状、位置的变化使面在构图中扮演着不同的角色。大面积的颜色会给人的视觉以强烈的冲击,小面积的面则会让人感觉轻松许多。如图8-11所示。

图8-11　元阳梯田的色彩

作为画图构成的最基本的元素,"点""线""面"之间的排列组合是构成无穷变化的起点。拍摄时我们更多遇到的是构成画面的各种元素的并存,这时更为触动拍摄者的是哪一方面的因素,或拍摄时更想表达的是哪一方面的个人感觉,都会在很短的时间内左右构图上的选择。

 ### 8.4　构图中拍摄点的选择

在摄影创作过程中,拍摄点的选择具有非常重要的意义。拍摄点直接决定了被摄主体在照片中所占的位置、大小、远近和高低。面对同一拍摄主体时,拍摄点的选择直接决定了得到的画面效果,从而产生不同的意境。所谓"横看成岭侧成峰,远近高低各不同"说的就是这种意境。拍摄点的变化,带来摄影画面构图的改变。所以,如何选择拍摄点成为我们摄影前必须考虑的问题。选择拍摄点有三个要素:拍摄方向、拍摄高度和拍摄远近。在实际拍摄过程中，应根据内容要求、主题思想、拍摄意图以及实际情况灵活合理地选择，从而完成摄影的整体构图。

1. 拍摄方向的选择

拍摄方向是指相机镜头与被摄主体在水平平面上一周360°的相对位置。不同的拍摄方向能产生不同的画面效果。任何物体都有正背之分，相对于被摄物体，拍摄方向有正面拍摄、前侧拍摄、正侧拍摄、后侧拍摄和背面拍摄五种情况。从不同的角度进行拍摄，既会使拍摄主体发生显著变化，也会使背景内容发生明显变化，同时画面的意境也随之发生变化。

1）正面拍摄

正面拍摄是指相机镜头正对被摄物体的正面方向的拍摄角度。如图8-12所示。

图8-12　正面拍摄的祈年殿

正面拍摄是能够表现主体正面形象的最佳位置，最能体现主体的主要外部特征。正面拍摄建筑有利于表现主体的庄重肃穆以及对称美，使画面产生平稳、庄重、威严之感，正面拍摄人物有利于展示人物五官特征。如图8-13所示。

但是，正面拍摄会使画面缺乏立体感和空间深度感，这样物体的透视感差，立体效果不明显，易产生平静和呆板感。用光方面，拍摄时正面拍摄采用前侧光比较

图8-13　正面拍摄人物像

好，不宜用正面光，因为前侧光可以增强物体的立体感，减少画面较平的弱点。

2）前侧拍摄

前侧拍摄是指相机处于被摄主体的前侧面水平方向的拍摄，即通常我们说的左前方或右前方，一般是被摄主体左右两面30°～60°的角度，如图8-14所示。前侧方向拍摄是摄影中使用频率最高的一种方向。它的优势在于画面的透视效果比较好，有利于表现景物的立体感和空间感，使画面生动活泼。不同的前侧拍摄方向有不同的效果，随着角度的变化，被摄体也会产生不同的变化。因此拍摄时，可以多变换一下角度，寻求最佳的表现效果。

图8-14　前侧拍摄人物像

前侧拍摄既有正面又兼顾侧面，因此有利于安排主体和陪体。当拍摄两个在一起的人物时，前侧方向的人物往往成为画面的主体，侧后方的人物成为陪体。在拍摄运动的物体时，前侧拍摄还可以很好地表现出被摄主体的动感，形成运动中的内在张力，画面显得生气勃勃。

前侧拍摄时配合使用侧逆光较好，可以使层次更丰富，画面更生动；拍摄时使用正侧光、逆光也可以产生特殊的艺术效果。

3）正侧拍摄

正侧拍摄是指相机处于被摄主体的正侧方向，与被摄主体的侧面成90°的拍摄，即通常所说的正左方和正右方。正侧拍摄主要用来表现被摄主体的侧面特征，勾画被摄主体侧面的轮廓形状，可以比较清楚地交代被摄主体的方向、方位。在人物摄影中能生动表现脸部特征，尤其是鼻子的线条，使人物更加传神传情，是人物摄影的最佳拍摄方向。如图8-15、图8-16所示。

图8-15　正侧拍摄人物肖像

图8-16　正侧拍摄人物动作

正侧拍摄具有很强的画面表现力,有利于表现被摄主体的运动姿态以及富有变化的外沿轮廓线条。通常人物和其他运动物体在运动中侧面线条变化最为丰富和多样,最能反映其运动特点,包括运动方向、运动状态和运动路径等,表现被摄主体的强烈动感和动势。当采用追随法拍摄时,正侧拍摄有最佳的表现效果。

正侧拍摄可以用来表现被摄人物之间的情感交流,可以交代清楚相互交流的人物之间的关系,若想在画面上显示双方的神情、彼此的位置,侧面角度常常能够照顾周全,不致顾此失彼。这种角度的拍摄方式比较适合表现人物之间的交流、冲突或对抗等。如图8-17、图8-18所示。

图8-17 正侧拍摄一对新人　　　　　图8-18 正侧拍摄母子二人

正侧拍摄的不足之处在于它只能表现出被摄主体的正侧面,空间透视感较弱。被摄主体与观众间也缺乏交流。从光线角度来看,与正侧拍摄相配的光线有前侧光、侧逆光和逆光。前侧光可以增强物体的立体感,较高角度的侧逆光可以拍摄正侧人物的特写,能在脸部阴面形成一个倒三角的光区,产生古典美。而逆光不仅可以给主体一个漂亮的轮廓线,亮背景还可以很好的表现侧面剪影。

4)后侧拍摄

后侧拍摄是照相机处在被摄主体的侧后方,与被摄主体的正面大约呈120°至150°的夹角,是由侧面角度环绕被摄对象向背面角度移动的拍摄位置,可以同时表现被摄物体的侧面和背面特征。如图8-19、图8-20所示。

它有反常的意识,往往能将对象的一种特有精神表现出来,在与常用的正面、侧面、前侧面角度的对比下,它有出其不意的效果,往往能获得很生动的形象。当然对于某些对象来说有如斜侧的形象相似。因此后侧角度对摄影对象是有要求的,或者说是只有适当的对象才可选择后侧的方向。

5)背面拍摄

背面拍摄是指相机处于被摄主体的正后方的拍摄角度。如图8-21所示。背面拍摄

图8-19　后侧方向拍摄的人像　　　　图8-20　后侧方向拍摄的人像

图8-21　背面拍摄的人像

用于表现物体的背面特征和形象,会使画面的构图语言变得含蓄而富有表现力,可以收到意想不到的画面效果。

背面拍摄突出主体后方的陪体与环境,将主体与背景融为一体,给人以强烈的主观参与感。在新闻摄影中常采用这种拍摄方式,目的是营造一种很强的现场纪实氛围。在人物摄影中,背面拍摄展示人物背面的头发、服饰等,没有面部表情的参与,使画面带有一定的悬念,而其姿态动作则可以反映出特定的内心感情,处理得当能够调动观众的想象、联想及思考,引起观众的兴趣。因此,背面拍摄成为主要的画面形象语言表达方式。

背面拍摄时,要注意刻画人物的动作、轮廓,提炼出具有表现力的线条;要把握好人物的身体语言,使之含蓄生动,富有象征性,同时注意把人物与背景融为一体,营造出一种诗情画意、含蓄委婉的意境。

背面拍摄时用正面光、侧光、逆光能表现不同的造型效果。

2. 拍摄高度的选择

拍摄高度是指相机镜头与被摄主体在垂直平面上的相对位置或相对高度。不同高度的拍摄,会产生不同的景象,形成不同的画面特点和表现力。一般可以分为仰拍、平拍及俯拍。

1)仰拍

仰拍是指相机镜头低于被摄主体水平线的拍摄,特征是镜头朝着向上的方向仰起拍摄,产生从下往上、从低到高的视觉效果。如图8-22所示。

仰拍在以天空或某种特定物体为背景的画面中能最大限度地烘托被摄主体,产生一种豪放之情,以达到突出主体的目的。仰拍有利于强调气势,表现雄伟壮美的情感内容。如建筑、雕塑的拍摄中,利用仰拍可以产生巍峨、雄伟的气势,表现出巍然耸立和高耸入云的效果。

图8-22 仰拍的马场大厦

此外,用仰拍可以使画面整洁、构图严谨集中,凸显前景、压低背景,透视关系特别明显,产生强烈的冲击感。仰拍跳跃、腾空等动作时,更具有夸张效果,有助于表现动体的向上腾跃,具有强烈的视觉冲击力。

但是在仰拍时,也要根据具体的内容掌握分寸。仰拍虽然有助于强调和夸张拍摄对象的高度,但会引起透视变形。比如,如果镜头上仰的角度过大,人物就会变得头尖下巴大,全景时肚子也会过大,建筑物也会有摇摇欲坠的感觉。因此,仰拍镜头在运用时要合理利用,不要过于滥用。

2)平拍

平拍是指相机镜头与被摄主体处在同一水平线上的拍摄,特征是相机与被摄主体同等高度,拍摄时取景轴线与地面平行,其视觉效果与人们日常生活中观察事物的正常情况相似,合乎正常的视觉习惯。如图8-23所示。

平拍画面在结构、透视、景物大小对比度等方面与人眼观察大致相同,因此主体和背景的实际透视关系真实、不易变形,适合观者的视觉感受,产生身临其境

图8-23 平拍作品视觉感受真实

的美感。平拍拍摄正面人物,使人感觉亲近,用来表现人物的交流和内心活动。

平拍画面容易产生司空见惯的感觉,使作品显得呆板,流于平淡,缺乏新意。

3)俯拍

俯拍是指相机镜头高于被摄主体水平线的拍摄,特征是被摄物体低于相机位置,镜头朝下拍摄,产生低头俯视的视觉效果。如图8-24所示。

俯拍能使景深增加,场景扩大,表现出自然景物千姿百态的线条和丰富的层次色调,适合拍摄山水、田园、名胜和风光远景。

俯拍能使画面中地平线明显升高,表现出完整的画面布局,显得宽大、气势宏伟,画面

图8-24　俯拍天安门和故宫

饱满严谨。

　　俯视拍摄女性人物的近景,能拉长脸部线条,产生鹅蛋脸型效果,更显妩媚。但是过度俯拍人物时,容易使人物对象显得萎缩、低矮、渺小,往往带有贬低、轻视的感觉,不适于表现平等、细致的情感交流,造成孤单、凄凉、压抑的感情色彩。

3. 拍摄远近的选择——景别

　　景别是指被摄主体和画面形象在画面中所呈现出的大小和范围。景别的变化引起视点的变化。不同景别表现出不同的摄影意图,使画面更具有指向性,形成画面内容表达的不同意蕴。

　　决定景别大小的因素有两个:一是拍摄距离,二是镜头焦距。在镜头焦距不变的情况下,拍摄距离的改变可使画面形象的大小产生改变,距离缩进则画面形象变大而景别变小,距离拉远则画面形象缩小而景别变大。而在拍摄距离不变的情况下,变换镜头焦距也可以实现景别的变化,镜头焦距越长,景别越小,镜头焦距越短,景别越大。

　　景别的范围以镜头所涵盖的面积多少和被摄物体在画面中所占的大小作划分标准,一般以成年人的身高作为划分景别的依据,如果被摄主体是物,则以物为准。景别大致上可以分为远景、全景、中景、近景及特写。

　　1)远景

　　远景是摄取远距离景物和人物的一种画面,如图8-25所示。

图8-25 远景表现宏大场面

远景可使画面呈现广阔深远的景象,以展示人物活动的空间背景或环境气氛。远景宜于表现规模浩大的场景或人物活动,在展示空间和渲染气势磅礴的宏伟场面上,是其他景别无法比拟的。

远景中,人物在画幅中的大小通常不超过画幅高度的一半,用来表现开阔的场面或广阔的空间,因此这样的画面在视觉感受上更加辽阔深远,一般用来表现开阔的场景或远处的人物。

2)全景

全景是用来表现场景的全貌与人物的全身,通过拍摄带有环境的画面,全景可以展现人物之间、人与环境之间的关系,如图8-26所示。

全景画面所涵盖的活动范围较大,人物的体型、衣着打扮、身份表现得比较清楚,因此全景画面的主体更为明显,同时比远景有更明显的指向性,它能够全面阐释人物与环境之间的密切关系,可以通过特定环境来表现特定人物,更能够展示出人物的行为动作,如图8-27所示。

全景画面中包含整个人物形貌,既不像远景那样由于细节过小而不能很好地进行观察,又不会像中近景画面那样不能展示人物全身的形态动作。它在叙事、抒情和阐述人物与环境关系的功能上,起到独特的作用。

在全景中需注意被摄物体的完整性和所处环境的特点,注意环境气势对主体的烘托与陪衬。

图8-26　全景展示人物全貌　　　　　　　　图8-27　全景人像

3）中景

中景是拍摄物体的部分画面的景别，介于全景与近景之间。中景包容景物的范围有所缩小，环境处于次要地位，是表现成年人膝盖以上的部位或场景局部的画面。对拍摄人物而言，重点在于表现人物的上身动作，擅长表现人物之间的关系，偏重于动作姿势和人物的情感交流，如图8-28所示。

图8-28　中景展示的情节和动作

中景画面为叙事性的景别，因此中景在摄影作品中占的比重较大。处理中景画面要注意避免直线条式的死板构图，拍摄角度、姿势要讲究，避免构图单一死板。人物中景要注意掌握分寸，有七分身和五分身之分，五分身是从腰部以上的部分画面，七分身是从膝盖以上的部分画面。在创作中，我们有时把五分身的画面称为"中近景"或者"半身镜头"。这种景别在一般情况下是以中景作为依据，充分考虑对人物神态的表现。

中景是叙事功能最强的一种景别，兼顾地表现人物之间、人物与周围环境之间的关系。中景的特点决定了它可以更好地表现人物的身份、姿势等。表现多人时，可以清晰地表现人物之间的相互关系。

4）近景

近景是拍到人物胸部以上或物体的局部的景别。近景对人物的神态或景物的局部面貌作细腻刻画,所以近景能清楚地看清人物的细微表情,传达人物的内心世界,是刻画人物性格最有力的景别。近景产生的接近感,往往给观众以较深刻的印象,如图8-29所示。

近景中的环境退于次要地位,画面构图应尽量简练,避免杂乱的背景抢夺视线,因此常用长焦镜头拍摄,利用景深小的特点虚化背景。人物近景画面用人物局部背影或道具做前景可增加画面的深度、层次和线条结构。近景人物一般只有一人做画面主体,其他人物往往作为陪体或前景处理。

5)特写

特写是画面的下边框在成人肩部以上的头像,或其他被摄对象的局部称为特写镜头,如图8-30所示。

图8-29　近景　　　　　　　　图8-30　特写

特写镜头使被摄对象充满画面,比近景更加接近观众。特写镜头提示信息,营造悬念,能细微地表现人物面部表情,刻画人物,产生特殊的视觉感受。特写主要用来描绘人物的内心活动,背景处于次要地位甚至消失,给观众以强烈的印象。

由于特写画面视角最小,视距最近,画面细节最突出,所以能够最好地表现对象的线条、质感、色彩等特征。特写画面把物体的局部放大开来,并且在画面中呈现这个单一的物体形态,所以使观众不得不把视觉集中,近距离仔细观察接受,有利于细致地对景物进行表现,也更易于被观众重视和接受,这时候环境完全处于次要的、可以忽略的地位。

综上所述,景别的运用要根据创作要求和表现意图而定,适当选取最具有代表性、最具有表现力的景别,用来传达画面信息,引起观众的共鸣。

 ## 8.5　画幅安排

在拍摄照片时,根据画面的特色,采用的画幅有竖幅构图和横幅构图两种表现形式。

1. 竖幅构图

树木、高楼、塔等等都是竖直的直线线条,如果想要全面地展示它们的面貌,就适合使

图 8-31 竖幅拍摄建筑

用竖幅构图的方式,这样可以表现出景物的整体面貌,也能体现出景物的雄伟高大。竖幅构图强调了画面的纵向,因此给人深邃和高度感,根据情况不同,也可能表现出不安感。如图 8-31 所示。

在使用这种构图方法的时候,要特别地注意让垂直的线条有疏密的变化,千万不要让垂直的直线分割了画面,否则画面会显得呆板并缺乏活力。

2. 横幅构图

横幅构图是适合表现横画面的一种构图方式,它强调景物的水平因素,适合表现舒展广袤的景物,拍摄主体的线条以横线条为主,可以表现出景物的磅礴、宽广、开阔的气势,如辽阔的草原大地、大面积的花卉等等很适合用这种构图方式。此外,它还可以表现稳定平衡的人物背景。横幅构图强调了画面的横向,所以给人以宽阔感和稳定感。如图 8-32 所示。

图 8-32 横幅构图

要熟悉这些特点,才能利用它们的特点进行适当地取景。不管摄影师用横幅构图还是竖幅构图,都要留心观察景物的主线条,要让整体的画面摄影光线和谐,重点表现出主体跟周围环境的配合。

 8.6 深远和层次的透视表现

不论何种艺术,都有自己特有的语言。摄影艺术是靠光线、影调、线条和色调等构成自己的造型语言。摄影家正是借助这些语言来构筑摄影艺术的美。影调、线条、色彩和光线这些摄影艺术语言,其特殊的审美作用,首先表现于它们独自或共同赋予人们的形式感、美感。摄影作品赋予我们的形式感,是十分丰富的,有空间感、立体感、质感、运动感、节奏感等等。人们从摄影艺术中所获得的美感,是与这些形式感密切相关的。

照相机所面对的是一个具有长、宽、深三维空间的场景,而产生的照片却是只有长和宽二维,没有深度的平面图片,怎样用二维的平面表现出三维的视觉空间,包括景物的纵深和层次感,是摄影构图的匠心所在。

摄影艺术表现深远的空间感,所用的艺术语言主要是远近、形体、色彩和影调。因此摄影作品对空间深远和层次的表现,主要通过四大透视来实现:远近透视(焦点透视)、形体透视(线条透视)、色彩透视和影调透视。

1. 远近透视

远近透视也称焦点透视。其基本特征是随着对焦焦点远近的变化,出现近大远小的透视感。运用照相机镜头特有的物理特性,可以获得同类景物大小变化的画面,从而形成深远感。取景时选择好中、远、近景物,靠近近景拍摄,以近衬远,产生近大远小的透视效果。使用广角镜头,可以增强和夸张近大远小效果,强化空间距离感。如图8-33所示。

图8-33 远近透视

2. 线条透视

所谓线条透视,就是通过线条的交织关系来表现景物的远近、大小,表现深远的空间感。当我们观察被摄对象时,对象的轮廓线条或许多物体纵向排列形成的线条,越远越集中,最后消失在地平线上,这种现象叫作线条透视。选择斜侧方向拍摄具有平行线条的景物,如条状的建筑、排列整齐的树木等,使之与画幅成角度的平行线向远处汇聚,形成纵深感。如图8-34所示。

图8-34 线条透视

3. 色彩透视

由于颜色距离我们的远近不同,在大气层的作用下引起的色彩变化现象,称为色彩透视。例如,街道两旁种着同样的树(它们的树叶是同样的绿色),但是我们看到的却是不同的绿色,近处的树叶呈黄绿色,逐渐远去便变成青绿色,更远的则变成青灰色。色彩透视的主要规律是近处色彩对比强,固有色强,比较暖;远处色彩对比减弱,固有色变弱,趋向灰色调,一般呈青、蓝、紫的冷灰色调。如图8-35所示。

4. 影调透视

所谓影调透视,也称空气透视,就是借助影调的浓淡明暗对比,来表现景物的远近和空间的层次。画面上的影调越暗,表现景物就越近,影调越淡,表现景物就越远。摄影师常常利用丰富的影调层次,把人们的视线引向画面深处,把观赏者的想象渗入深远的空间。如图8-36所示。

图8-35　色彩透视

图8-36　影调透视

 ## 8.7　常见构图方式

1. 黄金分割构图

黄金分割是由古希腊人发明的一种数学比例关系,又称黄金率、中外比,即把一根线段分为长短不等的a、b两段,使a：(a+b)=b：a,其比值约为0.618。这种比例在造型上比较悦目,因此,0.618又被称为黄金分割率。黄金分割被广泛应用于建筑、设计、绘画等方面。在摄影技术的发展中,它曾借鉴并融汇了其他艺术门类的精华,黄金分割也成为摄影构图中最神圣的观念。

使用黄金分割构图,首先将被摄主体放在与画面水平或垂直方向的0.618处,实际拍摄中可以近似取为1/3处,这样的构图方式通常比将主体放在正中间的效果好。在风光摄影中,多将景物的主要部位安排在黄金分割点上。而风景中的地平线、水平线、天际线则多处在黄金分割线的位置。人像摄影中,往往将人物的眼睛放在黄金分割点的位置上,这样更有利于传达人物的情感。如图8-37所示。

图8-37 黄金分割构图

摄影构图的许多基本规律是在黄金分割基础上演变而来的。但每幅照片无须也不可能完全按照黄金分割去构图。千篇一律会使人感到单调和乏味。黄金分割,重要的是掌握它的规律后灵活运用。

2. 黄金分割法简化版:三分法、井字形、九宫格构图

从黄金分割的构图法还衍生出了三分法、井字形和九宫格构图法,这些方法都是以黄金分割法为基础所衍生出来的简化的构图方法。

三分法就是在拍摄时将主体安排在画面的黄金分割线即三分之一线或三分之二线上。要尽量避免将被摄主体放置在画面中央,这样会使画面显得很呆板。使用三分法可以使整个画面变得生动活泼。

井字构图和九宫格构图是同一种构图方法的两种名称。这种构图方法是先将画面用两条水平线分成三等份,再用两条垂直线分成三等份,形成一个"井"字或九宫格,四条线的四个交叉点都是视觉趣味中心所在。将画面最重要的部分安置在这些趣味中心,可以突出主体,吸引人们的关注。如图8-38所示。

图8-38 井字构图

目前,有一些数码相机产品,提供了在LCD液晶屏上显示"井字形构图法"的四条直线,让用户在构图时更方便掌握被摄主体的位置。

3. 三角形构图

三角形构图是以三个视觉中心为景物的主要位置,有时是以三点的几何构成来安排景物,形成一个稳定的三角形。这种三角形可以是正三角也可以是斜三角或倒三角。其中,正三角形构图给人以坚强、镇静的感觉;倒三角形构图具有明快、敞露的感觉;斜三角形构图具有安定、均衡、灵活等特点,它也是最为常用的一种三角形构图。如图8-39所示。

图8-39　三角形构图

4. 对称式构图

对称式构图又称为均衡式构图、对等式构图，它是指位于画面中间垂直线两侧或者中间水平线上下所拍摄的人、景、物对等或者基本对等的构图方式。适用于上下或者左右对称的场景，比如说拍摄反射地面风光的湖面时就非常适合，比如镜子或者窗子反射的场景，亦或是左右对称的林荫大道，这些都适合使用对称构图。

采用对称式构图方式拍摄的图片，被摄主体结构规整平稳，图片的色调/影调和谐统一，画面具有端庄严谨的特点。如图8-40、图8-41所示。

图8-40　上下对称式构图

图8-41　左右对称式构图

但是，对称式构图也有明显的缺点，即在一定程度上表现较为呆板，灵活度不够。提到对称式构图，往往会想到传统形式的左右对称，这种常规性的想法限制了画面可能出现的新形式。尝试从不同的角度寻找对称形式，可能就会发现许多有新意的对称形式。

5. L形构图

L形构图是用类似于L形的线条或色块将需要强调的主体围绕、框架起来，这种构图方式能够起到突出主体的作用。L形如同半个围框，可以是正L形也可以是倒L形，均能把人的注意力集中到围框以内，使主体突出，主题鲜明，常用于有一定规律线条的画面。

L是由垂直线与水平线交汇而成，是一种边角构图形式，它占据画面的两边和一角，使中间透空，视野开阔，画面活泼多变。L形在风光摄影中常采用下面两种L形构图形式，一是利用地面景物和耸立的树木等作为前景，构成正L形的构图形式。二是利用富有

变化的树木及倒垂的树叶作为前景,构成
倒L形。两种形式均可把画面中的主体
景物由一角框起来,使之变得突出醒目。
人像摄影中,模特坐在地上,两腿或其中
一条腿伸直,也构成L形构图。如图8-42
所示。

图8-42　L形构图

　　除了被摄体的形状/结构可以自然形
成之外,L形构图常常可利用拍摄环境中
的地形地物巧妙地构成各种各样的L形,
以丰富画面的构图形式。

6. S形构图

　　S形曲线是一种有规律的定型曲线,S形构图是指画面要素以"S"的形状从前景向
中景和后景延伸,画面构成纵深方向的空间关系的视觉感,它优美而富有活力和韵味,所
以S形构图也具有优美和极具活力的特点,给人一种美的享受,而且画面显得生动、活泼。
同时,读者的视线随着S形向纵深移动,可以有力地表现其场景的空间感和纵深感。

　　S形构图最适合表现自身富有曲线美的景物。在自然风光的摄影中,常用于拍摄弯
曲的河流方向、庭院中的曲径、矿山中的羊肠小道等等;在大场面摄影中,常用于拍摄排
队购物、游行表演的人群等场景;在夜景拍摄中常用于拍摄蜿蜒的路灯、汽车行驶的轨迹
等等。

图8-43　S形构图

7. 框架式构图

　　顾名思义,框架式构图就是借助框架一样的形状来进行构图的方法,或是用一些前景

将主体框住。常用的框架有树枝、拱门、装饰漂亮的栏杆和厅门等,如图8-44所示。这种构图很自然地把注意力集中到主体上,有助于突出主体。另一方面,焦点清晰的边框虽然有吸引力,但它们可能会与主体相对抗。因此用框架式构图多会配合光圈和景深的调节,使主体周围的景物清晰或虚化,使人们自然地将视线放在主体上。

图8-44　框架式构图

框架式构图常用于将远处的物体作为主要拍摄对象。眼前的物体如同框架,发挥辅助作用。所以框架式构图的好坏取决于框架内的被拍摄物体是否让人印象深刻。

这种构图法的魅力在于主次的对比。因为眼前的要素都充当了框架,所以主体必须更加突出。框架式构图还可以将前景虚化。比如在拍摄花海时,可以将主体周围的花草虚化处理,这样就能得到一张使用框架式构图法的佳作。根据眼前被拍摄对象的比例,照片的效果会发生变化,这也是框架式构图的特点之一。框架部分比例增加越多,照片的氛围越沉重。

8. 十字形构图

十字形是一条竖线与一条水平横线的垂直交叉。它给人以平稳、庄重、严肃感,表现成熟而神秘,健康而向上。因为十字最能使人联想到教会的十字架、医疗部门的红十字等,从而产生神秘感。

十字形构图不宜使横竖线等长,一般竖长横短为好;两线交叉点也不宜把两条线等分,特别是竖线,一般是上半截短些下半截略长为好。因为两线长短一样,而且以交点等分,给人以对称感,缺少省略和动势,会减弱其表现力。

十字形构图的场景,并不都是简单的两条横竖线的交叉,而是相仿于十字形的场景均可选用十字形构图。如正面人像,头与上身可视为垂直竖线,左右肩膀连起来可视为横线;建筑物的高与横的结构等。用另外一句话来说,凡是在视觉上能组成十字形形象的,均可选用十字形构图。如图8-45所示。

9. 对角线构图

对角线构图,是指被摄物体在画面中出现在对角线上的一种构图形式。这种构图方式把主体安排在对角线上,构图活泼,有立体感、延伸感和运动感。如图8-46所示。在风光摄影、静物摄影和运动摄影中经常使用这种构图手法。

对角线构图的方法不仅可以拍摄建筑、风景,也可用于人像的拍摄,在拍摄运动的人物时可以让画面更加生动、有趣。

图8-45 十字形构图

图8-46 对角线构图

 ## 8.8 构图技巧和规律

1. 善用对比

对比是把两个或两个以上的对象所具有的不同性质、不同质量、不同体积、不同特色等元素加以比较和说明的构图技巧。通过对比,对象与对象所具有的特殊性质得以呈现。在对比构图中,对象与对象的差别是构图存在的依据。

现实生活中,很多对象经常会体现出相反、对立或不同的性质。形式上的大小、方圆、刚柔、虚实、疏密、曲直、粗细、明暗、黑白以及远近、动静、冷暖等对比都是最常见的可利用的对比因素,抓住这些不同之处,通过对比的方式,可以使对象获得突出和鲜明的表现,造成醒目的效果。这些因素的组合所构成的形体、色彩、影调方面的对比,能充分突出主体,或形成主体与陪体、主体与背景之间的互相衬托,使主次分明,相得益彰。

2. 讲究均衡

画面均衡是指各构成单元视觉重要关系的平衡与稳定。主要体现在主体与陪体之间的大小、轻重、虚实等关系,使画面取得总体布局上的稳定。在摄影构图中,为了达到均衡的目的,可以使用对称式均衡和非对称式均衡两种形式来实现。

对称式均衡是指使用对称式构图,即画面的主体可以根据左右或上下进行平分,平分之后的两部分画面在形状、大小和色彩等方面大致相等。

非对称式均衡是使用杠杆原理的构图,利用主体和陪体之间的大小变化、动静结合、色彩对比、虚实关系等,通过合理布局处理画面的"重量",使主体和陪体之间和谐共存,从视觉心理上达到稳定平衡的状态。画面影像的重量不是自然物的实际重量,而是人的心理重量。要取得画面的平衡感,操作好画面的轻重,就要注意以下轻重关系:

(1)处于引人注目位置的景物重,反之则轻。

(2)有生命的景物重,无生命的景物轻。

(3)人造物(车、船等)重,自然存在的景物(江河、树木、草原等)轻。

(4)运动的景物重,静止的景物轻。

(5)深色影调的景物比浅色影调的景物重。

(6)小面积的黑色比大面积的白色重。

(7)暖色重,冷色轻。

(8)近景重,远景轻。

3. 注重统一

统一是以变化为表现特点,当然统一的变化有着幅度的限制,不是没有规则的变化。统一原则上允许构图元素发生变化,但一定要以某一种构图元素为主。在统一构图中,如果以斜线条来安排画面,画面中可以有一些横向的或竖向的线条,但这些线条不能破坏斜线条对画面的统治地位。

4. 形成节奏

音乐有节奏,摄影作品也可以形成节奏。节奏是较复杂的重复,它不仅是简单的韵律重复,常常伴有一些因素的交替。它是一个有秩序的进程,提供了可靠的步调和格局。在创作中,如果发现了某种节奏,就意味着从无序中找到了秩序,能够激发观众丰富的想象力,使作品产生独特的视觉感染力。

节奏产生的形式可以有四类:重复的节奏、交替形成的节奏、辐射形成的节奏和动感的节奏。重复的节奏是最简单的形式,把相近或相同的元素整齐地排列在画面中是常用的表现形式,但需要注意避免呆板。交替形成的节奏是由两个以上不同的形式因素进行排列,形成具有多个重复形式的节奏,这样可以形成多样性,减少单调。辐射形成的节奏可以很好地控制画面的视觉中心,从中心向四周辐射的线条比其他视觉元素节奏明显、韵律突出,能够很好抓住观众的视线。动感的节奏是将相似的物体组织起来形成的运动或流动的特性,可以运用色彩、形状、质感等重复出现,或者运动的物体按规律自然出现动感的节奏。

思考与练习

一、简答题

1. 摄影构图的形状元素有哪些?

2. 摄影中如何突出主体?

3. 摄影中如何处理陪体?

4. 留白的作用有哪些?

5. 拍摄方向有哪几种? 各种拍摄方向有哪些表现特征?

6. 景别有哪几种? 分别有什么表现特征?

7. 如何表现深远和层次的透视感?

8. 常见的摄影构图形式有哪些?

9. 摄影构图的技巧和规律有哪些?

二、名词解释

1. 摄影构图   2. 主体

3. 前景   4. 背景

5. 留白   6. 黄金分割

7. 井字构图   8. 框架式构图

三、实践题

1. 拍摄一组横幅、竖幅构图的照片,注意画面的平衡。

2. 拍摄一组有特色前景和背景的照片。

3. 拍摄一幅使用对比手法突出主体的照片。

4. 分别从正面、前侧、正侧、后侧和背面拍摄一组人像作品。

5. 分别用仰拍、平拍、俯拍的视角拍摄一组作品。

6. 分别拍摄一组具有全景、远景、中景、近景和特写的作品。

7. 拍摄一组运用不同透视规律表现深远和层次感的照片。

8. 拍摄一组运用本章所学构图形式进行构图的照片。

第9章

专题摄影

摄影的运用非常广泛,本章主要讲授常见的专题摄影,包括风光摄影、人物和人像摄影、体育摄影、广告摄影、新闻摄影和静物摄影等。

9.1 风光摄影

风光摄影是将自然景观与人文景观作为拍摄主体,并着重描绘其美妙之处,来表达或寄托个人思想感情的一种创作活动。大自然是人类赖以生存的空间,也是摄影艺术永恒的题材,直到今天人们仍然在不断地发现新的自然景观,并常常被千变万化的自然景色所震撼,所慑服。

风光摄影的表现题材非常广泛,按不同的划分标准,有自然景观和人文景观,有都市风光、乡村风光和自然风光,有云景、雾景、雨景、雪景等。

风光摄影看似容易,实则很难。因为风光摄影是通过摄影语言,来撷取大自然的美丽景色,表现作者的情感内容,进而沟通读者的情感,陶冶人们的情操。风光摄影并非仅仅追求被摄对象表面的美,而要通过被摄体表情达意,传达作者心底的情感律动,从而引起读者的共鸣。所以高境界的风光摄影,应该将景物看成有形的生命,并移情于景,或借景生情,抒发由眼前景象所带来的情愫和感悟,传神传情。

在中外摄影史上,风光摄影占尽了风头,出现了众多风光摄影大师。如美国著名摄影师安塞尔·亚当斯,对家乡约塞米蒂山谷始终怀有特殊的感情,每年都要专门来这里拍照。

1. 风光摄影的拍摄手法

风光摄影的手法可归纳为四个字:知、观、表、现。知,即知其时;观,即观其势;表,即表其质;现,即现其伟。

1)知其时

"时",有广义和狭义之分。从广义来讲,是指季节性的春、夏、秋、冬。我们知道,把大自然装点得多姿多彩的花草树木,它们的孕育、苗长、枯落,无不随着天时气候的变迁而变化。因此同一地点的风光景物,四季都有不同的景色特点,还能跟随着季节气候转移而呈现着各种不同的姿态,变幻莫测。要表现大自然,还需要拍摄出典型性的风光,对这广义的"时",便不能不细加分析、深入了解。而狭义的"时",是一天里自早晨至黄昏,甚至晚上。

2)观其势

势,是指景物的整个环境和形势。当我们身处在大自然的怀抱中,满眼都是景物,缭乱杂陈,哪些应该删去,哪些应该取舍,至于采景的位置、最佳角度等也不是仓促间能够作出决定的。为此,必须细心有耐性地不厌其烦、不畏其劳地从任何位置和角度去探讨。深观而默察,结合积累的经验,选取认为理想的角度去拍摄心目中已打好草稿的景物,随之再加以细致的剪裁。所谓剪裁是要对最微末的地方也要注意,不容疏忽。不管一草一石、一枝一叶,都要列入需要推敲的范围。因此,选景与拍摄是要相当细致的。画家黄宾虹说:"纵游山水间,既要有天以腾空的动,也要有老僧补衲的寻静。"意思是说我们对眼前的景色要有无比的热情,不辞劳苦的四处奔跑、观察、寻景,跟着就是要总去思考,去认识眼前的景色,从而了解这些景色。画家们讲:"山峰有千姿百态,所以气象万千,它如人的状貌,百个人有百个样。"所以我们观察山、景,不是停留在表面上,更多注意的是山景的气势与当地的特色。

3)表其质

谈到表其质,我们都知道万物都有它独特的本质,尤其拍摄大自然的风景,对于充满整个大自然环境的花、草、木、石、泥的本质更要深切认识,然后熟悉和掌握它的本质,使其有效地重现于画面与照片中。"质感",意思就是要求在表现景或物的时候,不是徒具其形貌的轮廓,重要的目的是要表现到有质的感觉,既有骨又有肉。

4)现其伟

这个"伟"字含义很广,如雄伟、伟岸等等。拍摄崇山峻岭、参天乔木等景物时,大可运用镜头角度去达"伟"的章法,也可以用对比方法,去把"伟"更易彰明。而"伟"的另一种意义,也可以引申为美,把景色最美之处给以突出,亦是现其"伟"的一个范畴内。拍摄风光照片如何去现其"伟"呢?关键是在于抓景物的特点、气派。如黄山有四绝:云海、温泉、奇松、怪石。但是我们把视野放到大处,便有各具奇景,各具奇险的三十六大峰和三十六小峰;若把视界略放,更有不少郁郁苍苍的茂林、清幽深还的岩谷。再把视线带回身边,便有许多自由自在的小景,这一切的一切,都令人心醉神迷。因此,当我们进入名山大川的时候,是要凭自己的眼力和经验,但这经验是前期的艺术修养,缺乏这些修养,便不能把景物最美的一面发现。如果单纯把景物收进镜头,只能得到一些曾到此一游这类的纪录片、糖水片。

2. 自然风光的拍摄

1)神秘的日出与日落

日出日落是被广大摄影爱好者拍摄最多的题材之一,这时候的光线柔和、色彩丰富,能够形成各种富有诗意的影调,任何其他题材的照片在日出日落的光辉下都会展现出不一样的视觉效果,但这时的光线比较特殊,拍摄也有特殊的方法。

(1)器材准备。

数码单反相机。

长焦镜头:长焦端可以将太阳和远处的景物放大。

广角镜头:拍摄大场面的日出日落风光。

三脚架:用来稳定相机。

快门线:进一步保证相机的稳定。

遮光罩:避免炫光和光晕的产生。

(2)相机设置技巧。

使用全手动模式。日出日落的光线比较复杂,一般的拍摄模式可能都会失败。比如光圈优先模式,对不同地方的测光又会有不同的曝光效果,但很多都不是自己想要的拍摄效果。使用全手动M模式,可以手动对曝光量进行设置,得到自己想要的曝光效果。如拍摄剪影效果,就应该用较暗的曝光设置。

白平衡设置为阴影。使用阴影或阴天白平衡模式,或者设置较高的色温值,可以设置ISO值尽量低一些以加深昏黄的色调。设置较低的ISO可以减少噪点的产生,使用RAW格式拍摄让画面的画质更好,一般设置为100或200就可以。日出日落的曝光和色彩都不好控制,使用RAW格式拍摄可以让后期对照片的曝光和白平衡等的调节都有更大的余地。

(3)拍摄时机。

太阳刚从地平线上升或在太阳即将西沉的时候,地面上都有一定的朝霞或晚霞遮盖着太阳散射的光线,而显现出一轮没有光芒散射的圆圆的太阳。太阳刚出或刚落时,地平线上的天空常有一些逆光的有色云彩,因此可等到出现太阳云彩而没有光芒散射时拍摄日出或日落景色。拍摄日出时,太阳刚升上地平线就应该立即拍摄,不能错过。拍日落就可以从没有光芒散射的时候开始,直到太阳将进入地平线为止都可以。

(4)曝光量的设定。

太阳刚出或即将落下逆照山层时,山层间因没有水的反光,完全与有太阳的天空成为黑的色调的对比。因此,在山峦上拍摄日出日落景色,只有在云彩遮盖部分太阳或在放大时增加天空部分的曝光,才可使天空与山层的色调较为均衡。

(5)构图。

在太阳刚出或将落的时候,天空没有一些云彩也是常有的现象。为避免天空过于单调,可以利用一些较为稀疏的树叶、枝干作为空旷的天空部分的前景,能帮助景物画面结构的均衡。但如果枝叶过多或过重,就会遮盖住大部天空而影响画面的均衡。

2)云雾与雨雪

(1)云彩的拍摄。云是天空湿气形成的凝体,它在天空中会随着天气变化而凝结、移动和消散。一般常见到的有浮云、朵云、鱼鳞云、片云、条云、层云、火烧云等。

一张风光照片因为有了云以后会增加美观。不少好的景物却往往缺乏天空的云彩，使画面上的天空部分过于空旷而美中不足，甚至会影响到画面的结构和色调的均衡。

云不但能增加景物的美观和画面的均衡，而且还可利用不同形象的云表现景物的季节和气候。例如，春天早晨轻薄的浮云、夏日凝结不散的层云、秋天美丽的鱼鳞云、初冬稀疏的条云；早晨的云海和傍晚的彩云、风和日丽的朵云、台风前夕的火烧云、风雨欲来的乌云等等，都是表现每个不同季节、气候和时间的。即使景物本身完全没有明显表示时间的特征，但由于景物中有了云，从云的形象中就可以知道是什么季节和气候了。

首先，云是多种多样形象不同的。利用白云陪衬景物，要注意白云的形象是否与景物相适应。例如，有显著横条的景物，就不应再选用横条的云作陪衬，不然就会使画面产生更多的横线条，造成画面呆板的感觉。又如，采取与景物主体大小相等的白云作陪体，也会造成画面的宾主不分。因此，采取作陪衬景物的白云，必须要注意它的形象，并要与主体物有明显不同的比例，才能使画面生动、感人。

其次，没有深浅层次的白云，不适宜作任何景物的陪衬，更不宜作为主体，一般层次较多的白云多半产生在早上或下午阳光斜射的时候。因此，在斜照的阳光下拍摄风光，最适合运用天空的白云作陪体。云的形象是随着风千变万化的，我们要掌握时机，有耐心，才会拍到好的云景。

（2）雾景，利用各种雾层或霞光拍摄风光，能使景物的透视变化可近可远，也能使景物的色调变化可深可浅，给予景物丰富的层次。

云雾在山上常随风移动，有时却停留在山腰或只露出山峰，层雾存在于树林中，太阳从枝叶稀疏的空间照射到林中产生一条条的斜阳光线。这种光线，随着太阳高低转移投射方向和角度，显示出明暗的光柱。

（3）雨景的拍摄，雨天拍照，因为雨水的反光，远处景物明亮而影像朦胧，色调浓淡有致，别有一番风味。拍摄雨景时，要注意以下几点：

① 雨天光线变化很大，有时雨景亮度很高，而乌云密布的倾盆大雨亮度又很低，两者间的曝光量可以相差很多倍。因此拍摄时，最好使用测光表测光。此外，雨天拍摄常常会出现曝光偏多的现象，而曝光过度对表现雨景是极为不利的。因为雨天景物反差小，曝光过度会使反差更小，照片看起来是灰蒙蒙一片。

② 拍雨景时，不要以天空为背景，应选择深色背景，这样才能把明亮的雨丝衬托出来。如果画面中有水，不论是河湖水面，或是街道上的积水，雨点落在水面上溅起的一层层涟漪，也有助于雨景的表现。

③ 一般以选择雨丝成30° ～ 45°方向为宜。快门速度太高，会把雨水凝住，形成一个个小点。快门速度太慢，雨水会拉成长条。一般使用1/15 s到1/60 s为好，这时可以强调雨水降落时的动感。

④ 拍摄雨景时，要注意在镜头和雨点之间拉开距离。雨滴离镜头过近时，一滴很小

的雨点也会遮住远处的景物。当然,有时也会有意需要这种特殊效果。注意相机不能淋雨,也不要使镜头溅上雨点。一般可用雨伞遮住或把相机装在塑料袋里,把镜头和取景部位露出。

（4）雪景的拍摄,雪是洁白的晶体物,雪景就是白色部分较多的景物,可给人以洁白可爱的感觉。雪景中白色面积较大,比其他景物明亮,在有阳光线照射时更加明亮。要表现雪景的明暗层次以及较近地方雪粒的透明质感,运用逆光或后侧光拍摄雪景最为适宜。如果以正面光或顶光拍雪景,由于光线平正或垂直照射的关系,不但不能使雪白微细的晶体物产生明暗层次和质感,而且会使物体失去立体感。为使雪景中的白雪和其他色调的物体都能够有层次的显现,拍雪景就必须采用柔和的太阳光线,或者使用侧面光。如图9-1所示。

图9-1　侧光拍摄的加拿大班芙雪山

图9-2　正在天空飞舞的雪花

正在下雪的时候拍摄雪景,必须有深色的背景作衬托,才易于显现出正在天空飞舞的雪花。如图9-2所示。

为获得更为简洁的雪景画面,又能清晰地表现雪中物体的层次和线条,可选择线条较美的局部景物,并用柔和的前侧光、逆光、侧逆光拍摄,这样可使雪中物体的层次线条都能充分显现,从而获得更为美满的雪景。

3）高大连绵的山脉

拍摄山脉并不是一件容易的事,因为大多数山脉连绵不绝,体量宏大,构图的时候难以取舍。因此,拍摄山景要选择合适的拍摄点:高山仰止、俯瞰大地,远观其势、近观其质;俯可以拍其磅礴,仰可以现其雄壮。

拍摄山脉要寻找相对开阔的视野，获得更大的场景，因此常使用广角镜头进行拍摄。一般人的拍摄视角是在山脚下仰拍，这样的山显得有气势、有高度；但如果能够在山顶俯拍整个山脉的本身，就会表现出山脉的走势，增强纵深感和空间感。如图9-3所示。

应抓住一天中阳光投射角度最理想的时机拍摄。早晨的照度低，可以多角度拍摄，中午的光照强，色彩饱和，此时拍摄色线鲜艳；傍晚时在山上拍日落，霞光与山色相融，可以侧光拍轮廓、逆光拍摄山的剪影。如图9-4所示。

图9-3 俯拍表现山脉的走势

图9-4 侧光拍摄山景

4）江河湖泊的拍摄

"水似看山不喜平"，拍摄江河湖泊宜选择多姿的岸上景色作为映衬；选择轻舟竹筏、岛屿亭阁、水中洲渚、岸边杨柳等作为前景陪衬；拍江河湖泊要注意画面和谐、影调平和。水面倒影的拍摄可以把实景倒影到摄入画面，使形与影互为陪衬，如图9-5所示。也可以单独拍摄倒影，让倒影自成主体。

图9-5 秋湖如镜

5）层峦叠嶂的梯田

梯田是人类农业时代创造的奇迹，反映了劳动人民的智慧和辛勤。层峦叠嶂的梯田在一年中不同的季节和时令，都有不同的美景。因此梯田成为不少摄影爱好者前去采风拍摄的最佳选择。如，云南元阳哈尼梯田、广西龙脊梯田等每年都有很多人前往拍摄。

（1）拍摄梯田用光。拍摄梯田最佳的时段是日出和日落的时间，这时的光线富有色彩，照度较低，拍出的梯田画面色彩丰富浓艳，如图9-6所示。阴天或起雾的早晨，可以拍成黑白效果，表现水墨画般的感觉，如图9-7所示。还可以利用水面的反光，将天空的云彩或周围的山峰反射成倒影，虚幻与实景的对比形成虚实结合的效果。

图9-6　日落时分的梯田图　　　　图9-7　阴天梯田的水墨画效果

（2）大场景表现梯田的壮阔气势。使用广角镜头拍摄梯田,选择一个制高点,以俯视的角度拍摄,设置小光圈(F11～F16),加大景深范围,可以增强梯田的纵深感,让场面更加辽阔宏大。

（3）小局部表现梯田抽象形式。拍摄梯田的局部可以表现梯田的抽象之美,要充分利用线条来表现,梯田的田埂有或曲或直的线条,将这些线条合理安排在画面中的适当位置,就可以组成一幅线条组成的抽象画。还要通过色彩的搭配来表现梯田的抽象效果。在不同的季节和一天中的不同时段,梯田都会呈现出不同的色彩。将这些或浓或淡、或冷或暖的色彩组合在一起,也会形成优美的视觉效果。

9.2　人物与人像摄影

严格来讲,人物摄影和人像摄影是不同的摄影类别。广义上,一切以人为拍摄对象,反映人类社会生活方方面面内容的摄影都属于人物摄影的范畴。而狭义的人物摄影是指以表现有被摄者参与的事件与活动为主的摄影,它以表现具体的情节为主要任务,而不在于以鲜明的形象去表现被摄者的相貌和神态。人像摄影则以表现被摄人物的相貌和神态为主。

1. 人物摄影

人物摄影主要包括人物活动、民俗与风情、生活与纪念、旅游摄影四大类。

1）人物活动

对拍摄人物活动而言,表现情节意味着对生活事件的高度艺术概括。用凝固的静态画面,通过人物的表情、体态表现矛盾发展中最精彩、最动人、最富感染力的瞬间。故事的由来、发展与结局,都要通过画面所提供的情节内容,由读者运用联想与想象,自己去补充和完善。人物活动,意在神韵,形式、手法不过是其形骸。如图9-8所示。

2）民俗与风情

民俗与风情的内容包括消费民俗、节日民俗、信仰民俗、社会交际民俗、人生礼仪、民间文艺、民间游戏、民间技艺、民间艺人等民俗文化。民俗与风情活动摄影就是用摄影的手段去反映人类的生活习俗，这是人类认识自己、了解昨天的一扇窗口。如图9-9所示。

图9-8　赶集的越南人　　　　　　　　　图9-9　基诺人的表演

在拍摄这一类主题时，要注意以下几点：一是摄影者必须尊重民风民俗的客观性，要抓拍民俗活动的典型瞬间，而不能由摄影者按照自己的意志去组织摆拍。二是有计划有重点地拍摄。一个大型的民族竞技活动，往往时间长内容多，如何在既定的时间内拍下所需要的照片，而避免在拍摄过程中的盲目性，事先需要有一个拍摄计划。三是镜头应长短搭配，除具有标准镜头以外，还需要配带广角镜头和望远镜头。广角镜头可以用来拍摄较大的场面，如开幕式、闭幕式、团体性竞技或表演，会场全景等。望远镜头可以用来拍摄有危险的或不能接近的激烈比赛项目，如马术比赛、滑雪等。

3）生活与纪念

生活与纪念摄影以真实日常生活为拍摄主题，比如儿童摄影、毕业照、开会合影等，这类摄影带有很强的生活气息，通常用以纪念岁月的流逝或重要的活动，拍摄时可以用摆拍、抓拍等多种形式。如图9-10所示。

图9-10　毕业合影

4）旅游摄影

旅游摄影指真实地记录在旅游中生动有趣的人物活动，它是以反映人物的形象和情节性旅游活动为主，以风景为辅的题材与内容。它以人物活动为趣味中心，突出表现人物的行为性、瞬间性。这种照片强调纪实，强调真情实感，而且具有鲜明的旅游特征。抓拍是其主要表现手段，摆拍也可取得较好效果。

2. 人像摄影

人像摄影是将现实生活中各种状态下的人物作为拍摄主体，通过描绘其外貌、形态、表情等来反映其内心世界与精神面貌，集中表现其思想感情和性格特征，达到"形神兼备"的效果。

人像摄影和人物摄影之间的重要区别在于是否具体描绘人物的相貌。不管是单人的或是多人的，不管是在现场中抓拍的还是在照相室里摆拍的，不管是否带有情节，只要是以表现被摄者具体的外貌和精神状态为主的照片，都属于人像摄影的范畴。那些主要表现人物的活动与情节，反映的是一定的生活主题，被摄者的相貌并不是很突出的摄影作品，不管它是近景也好，全身也好，都是属于人物摄影的范畴。当然，从广义上来说，由于人像摄影拍摄对象也是人，它也属于人物摄影。

1）选用器材

由于人像摄影要能够细致地表现人的皮肤、眼神等诸多细节，所以需要选用成像质量好、分辨率高的相机，当前几乎都以单反相机为主。镜头在人像摄影中也是非常重要的，一般要配备28～85 mm的标准变焦镜头或85～135 mm的中焦镜头。中焦镜头焦距较长，景深浅，容易虚化背景，突显主题。同时中焦镜头无需靠近被摄人物，相机与主体之间的空挡大，方便布光。除了照相机和镜头外，还需配备几种主要的附件，如三脚架、遮光罩、快门线、闪光灯以及反光板等。

2）确定景别

前面已经介绍的景别包括远景、全景、中景、近景、特写。远景一般不用来拍摄人像作品。

全景（全身）人像包括被摄者整个的身形和面貌，同时容纳相当的环境，使人物的形象与背景环境的特点互相结合。拍摄全身人像，构图时要特别注意人物与背景的结合，以及被摄者姿态的处理。

中景（半身）人像往往从被摄者的头部拍到腰部（五分身），或腰部以下膝盖以上（七分身），除以脸部面貌为主要表现对象以外，还常常包括手的动作。半身人像比近景或特写人像在画面中有了更多的空间，因而可以表现更多的背景环境，能够使构图富有更多的变化。

近景人像包括被摄者头部和胸部的形象，它以表现人物的面部相貌为主，背景环境在画面中只占极少部分，仅作为人物的陪衬。有时也利用背景交代环境，美化画面。拍摄近景最好也使用中长焦的镜头。

人像的特写画面中只包括被摄者的头部(或者有眼睛在内的头部的大部分),以表现被摄者的面部特征为主要目的。这时,由于被摄者的面部形象占据整个画面,给观众的视觉印象格外强烈,对拍摄角度的选择、光线的运用、神态的掌握、质感的表现等要求更为严格。一般在拍摄人像特写时,最好使用中长焦镜头,这样相机到被摄者的距离就可以稍远一些,避免透视变形。

3)运用光线

在人像摄影中要特别注意光线的选择和运用。不同的光线会产生不同的拍摄效果,一定要充分利用每种光线的特点来表现拍摄意图。比如硬光线能加强人像亮光面和阴影部分的光比,反差强烈,更能突出人的立体感。而软光明暗过渡比较柔和,表现层次变化细腻,色调层次丰富,经常被用于女性和儿童题材的拍摄中。此外,从光位来讲,顺光可以使人像亮度均匀柔和,逆光可以增强人像的轮廓,侧光用来加强人像质感,前侧光有很好的塑形效果,侧逆光易产生很好的光影效果。

4)调整姿态

摄影作品中,人物身体的姿态可以表达人物的情绪,丰富画面的表现形式。通过人物的肢体动作可以展现人物的形体之美,表现画面情境。人像姿态主要包括站姿、坐姿、躺姿、跑姿、趴姿、蹲姿、跳姿等运动姿态。在调整人像姿态时要注意以下几方面:一是头部和身体忌成一条直线。二是双臂和双腿忌平行。三是让体形曲线分明。四是坐姿忌陷。五是表现和利用好手的姿势。

5)构图方式

人像摄影构图,是摄影师利用相机的取景框以人物为中心的一种合理的布局。在构图安排上,应该从艺术的角度去构思。以下的构图方式可以使人像作品的主体更突出,画面具有视觉美感:三分法构图可以避免人物过于居中,令主体人物在画面中鲜明生动。黄金分割法构图拍摄人物的眼睛,可以凸显人物的情态。利用S形构图拍摄女性,可以突出人物的妖娆身材。三角形构图拍摄坐姿或蹲姿,会产生稳定感。L形构图拍摄侧面端坐的人物,可以增加画面的线条和动感,展示模特腿部的优美曲线。

6)抓拍表情

表情是情绪主观体验的外部表现形式,通过对人类喜、怒、哀、乐、爱、恨、惧、怜等表情的描绘,就可以反映人类的内心世界。但有时候人的表情是瞬间表现出来的,这就要求摄影师进行快速抓拍。

7)对焦眼睛

眼睛是心灵的窗户,透过眼睛,可以展现出一个人缤纷多彩的内心世界。除了人物本身的内心世界,眼神还有很多功用。比如眼神的状态可以体现出主人公身处的环境和时代背景,尤其在纪实摄影和新闻摄影中,一个眼神也许就能说明一切,也许就是一个发人深省的故事。拍摄人像作品,对焦眼睛,可以拍出传神传情的作品。如谢海龙拍摄的《我要读书》,将焦点对在女孩的大眼睛上,表现了女孩强烈的读书欲望。

8)注重细节

人物的首饰、服饰、各种陪体、环境等,有助于烘托人物的形态、精神、情态,准确地表达出人物的身份和性格。细节的挖掘,要从平凡的实物中寻求,要有助于烘托主题和突出人物。

9)运用景深

人像摄影中,要注重景深的运用,即营造人物前后环境的虚化效果。比如,一个人站在花丛后面,就可以用手动对焦把焦点放在人物身上,大光圈,长焦距,减小景深,这样可以虚化掉前景得到不同的效果。

 ## 9.3 体育摄影

体育运动是人们生活娱乐中最常见的项目之一,竞技体育"更高、更快、更强"的精神也在激励着人们不断挑战自我。体育摄影把体育运动中精彩的、扣人心弦但又稍纵即逝的瞬间形态捕捉下来,定格凝结在照片之中。它强化了观赏者对体育竞技惊险性、激烈性、趣味性的艺术审美感受。体育摄影具有一种独特的感染力和美学情趣,创造性地凝固真实的动感画面。

1. 体育摄影的特点

1)充分展现体育运动的美

体育摄影能够把在运动过程中的人体美瞬间抓住并"凝固"下来,将瞬间的动作、姿势、体态直接地表现出来,充分展现了体育运动的美。

2)动感性强

体育摄影拍摄的是运动中的运动员或者与体育运动相关的物体,如球类运动拍摄球等载体,因此拍摄出来的画面要表明运动过程中的瞬间,记录运动的过程和这类运动的典型特征,无论是把画面拍摄清晰还是将其虚化,都会带有强烈的动感。

3)拍摄难度大

体育摄影或许是摄影领域中难度最大、不可测因素最多的一个题材。因为体育运动拍摄的对象处于变化运动中,不管是跑、跳、投掷还是对垒,运动员无不处在运动中。有些动作转瞬即逝,因此要在瞬间选好位置,抓取运动员的动作和姿态。

2. 体育摄影的内容

1)体育比赛中精彩的瞬间

体育摄影把体育运动比赛中最精彩的、最扣人心弦的瞬间捕捉下来,之所以称为瞬间,是因为这些画面是转瞬即逝的,但是一旦被摄影拍摄下来,就定格成为永恒,它强调的是过程性、真实性、即时性和准确性。作品虽然是静止无声的画面,但它呈现给人们的却是紧张激烈的竞赛气氛和惊险优美的瞬间。如足球运动中的抢球和射门等精彩的瞬间。如图9-11所示。

图9-11 抓拍的精彩瞬间

2）令人感动的细节特写

体育的精神和运动员在赛场中的表现，每每让人感动，甚至现场的教练员、裁判员和观众在面对比赛时的表情、动作、姿势都会受到场内赛况的影响，或喜或忧或动或静，这些不经意的细节往往令人感动，摄影抓拍这些细节，用特写表现，可以突出这些感动的画面，增强现场感，让读者身临其境。

3）赛场花絮

运动场上场下无数的趣味趣事都可以作为摄影题材写进我们的镜头。这类摄影在技术上不需要特别的要求，但是需要一双善于发现的眼睛，要有不同寻常的、新奇的视角。

3. 体育摄影的器材

1）相机

多数采用体积较小的数码单反相机，便于携带且拍摄时可以随机应变，以便及时抓取精彩镜头。具备连拍功能最好，并且具有高一点的感光度。

2）镜头

体育摄影要配备长短不同的焦距的镜头，最好从广角到长焦一应俱全。由于拍摄者往往不能充分地接近被摄体，不能随心所欲到处走动，因此长焦镜头为拍摄中的必备器材。比如，300 mm/2.8或400 mm/2.8定焦镜头被称为是体育摄影记者的"标配镜头"。通常，一只80～200 mm左右的变焦镜头是体育摄影的常用镜头，一只28 mm的广角镜头也是需要的。

3）独脚架

由于体育摄影的器材重量较大，摄影师既要机动灵活，拍摄时又要有很好的稳定性，独脚架几乎是体育摄影师的必备品。

4. 体育摄影的拍摄要领

体育摄影的目的在于能把比赛中的运动员，以漂亮的构图、用光记录下定格永恒的瞬间，展现运动员在激烈的比赛当中精彩的姿态，并具有一定的观赏性与趣味性。下面介绍几个拍摄体育运动的技巧。

1）选择合适的拍摄点

对体育拍摄者来说，拍摄点至关重要。一个有利的拍摄点和精彩的照片往往是紧密连在一起的,它直接影响到照片的质量和效果。要充分考虑到拍摄现场上的光线效果和背景对主题的烘托。在选择拍摄点时,要寻找那些动作高潮经常出现的地方和一定能出现的地方。如篮球的投篮点、篮板下,足球的射门点、禁区内,跨栏跑的栏架上方等,这都是表现项目特点和运动高潮的最佳点。

2)选用正确的拍摄模式——快门优先模式

对体育摄影来说,快门速度是最重要的,因此使用快门优先模式拍摄是个好的开始。在光线条件较差的情况下,先将感光度设定为可接受画质的最大值,并将快门设定在高速状态,相机会根据曝光自动调节光圈,这样可以在任何情况下确保影像清晰。快门优先模式还可以用慢速快门拍出特殊效果。仅使用高速快门拍摄难免稍显单调,这时不妨换用慢速快门来拍摄有动感的画面。比较适合使用慢速快门追拍的项目有短跑、自行车、赛车等,有身体接触的球类运动因为速度变化无常,不太适合此技巧。

3)选择正确的对焦模式

拍摄运动物体须使用人工智能伺服对焦模式。拍摄时必须集中注意力,时刻追踪主体并半按快门维持对焦。事件发生时则以连拍捕捉完整事件,以确保最高的拍摄成功机率。

4)要进行预测

体育摄影师的另外一个重要技能,就是对即将到来的场景进行预测,把握一定的提前量,在精彩瞬间发生前的一刹那摁下快门,就是布列松所说的"决定性瞬间"。体育摄影需要一定程度的预判时间,虽然预判时间短到几乎不能用数值去衡量,却是能否抓住动作瞬间的关键所在。对于所拍摄的运动项目越熟悉,就可以越高程度上预知动作以及其他瞬间的发生,提高准确拍摄到想要画面的机率。

 9.4 广告摄影

1. 广告摄影的定义与特征

广告摄影是通过摄影的手段,以平面图像为主要传播方式(报纸、杂志、户外广告、网络等),以视觉传达理论为支点,服务于商业或公益的摄影门类。其基本特征有:

1)信息性

广告摄影通过视觉传达的方式宣传对象,表达被摄对象的重要内涵与特征,体现广告摄影的价值与生命力。商业广告摄影旨在推销产品、介绍服务,传播的是商业信息。公益广告摄影旨在宣传社会公益,如环保、交通安全、卫生保健等,它传播的是有利于社会安定、人民团结、健康生活的公益信息。

2)纪实性

就摄影本身来说是对被摄对象的复制,是对被摄对象的客观再现。但是摄影通过光线、角度、空间、色彩的变化运用,为广告对象增添一丝意境,突破一般摄影语言的一般化和程式化,使广告作品在不失真的情况下具有艺术感染力。

3）审美性

广告摄影在一般的情况下都是通过摆拍的手法完成的。采用什么样的背景、什么样的道具、什么样的模特、什么样的情节、什么样的角度等,都是要经过严格的艺术构思来决定的。这种艺术构思首先是广告摄影工作者本身经验的积累和认识的提炼,同时也是对广告主体进行艺术加工的主观创造和理性发挥。因此,从艺术的层面上来说,摄影广告具有一定的审美特性。

2. 广告摄影的创意

广告摄影创意,实际上是广告设计、广告文案和广告摄影既分工又合作的集体构思与创作。从相对小的范畴来看广告摄影创意,就是摄影师如何利用摄影的方式创造性地表现创意;更直接地说,就是拍摄者如何把最初创意者的草图或者文字描述艺术性地完美表达出来。

将创意作为广告摄影的灵魂。优秀和卓越的创意在广告摄影创作过程中,应该极力地通过与众不同的创新以及天马行空式的艺术构思,加强广告中创意的设计,使得能够创作出被人们接受以及第一时间被人们认可的优秀的平面作品。

在广告创意的基础上利用摄影艺术手段,把创意用最恰当的形式展示出来,以达到推销产品或服务的目的。为此了解现代各阶层人的审美意识,结合现代绘画和艺术构成的表现形式,利用写实、抒情、夸张、比喻、象征、幽默等手法创造多个生机勃勃、富于情趣的意境。

3. 商业广告摄影的分类

1）商品广告摄影

内容包罗万象,有时装、食品、首饰、化妆品、家用电器、工业产品等。

2）服务性广告摄影

拍摄对象为金融、通讯、保险、交通、旅馆、旅游景点、航空、房屋等。这类广告以表现某种服务的特色水准及可获得的心理满足及审美享受为目的,有时以多个不同画面、角度表达同一主题。

3）企业形象宣传广告摄影

企业形象宣传广告摄影着重介绍企业的规模、技术水平、生产设备和职工培训,通过树立可见的企业形象,有利于企业产品的销售。

4）资讯广告摄影

系列电影和电视剧的宣传、音乐会宣传和大型卖场、餐饮娱乐业开业等信息的发布,磁带或影碟封套的广告摄影作品均属于资讯式广告摄影。

4. 广告摄影的表现手法

广告摄影的表现手法有直接表现和间接表现两种。

1）直接表现法

直接表现法利用摄影记录的直观表现能力，是一种强调表形功能的直接表现方式，是广告摄影图像设计中采用较多的方式。这一方式以展示商品的形态特征，如色彩、质地、结构、尺寸和使用方法等信息，或者以展示与商品活动相关的风光、人物形象等方面的信息为主要目的。直接表现法有主体式和陪体式两种：

主体式：通过最佳的方式展示和表现消费者想要了解的商品的外观造型、结构特点以及与同类商品的比较情况作为设计的定位点，以对商品或者商品景观的纯粹客观描写为主要特征，如图9-12所示。

图9-12 主体式表现广告创意

图9-13 陪体式广告创意

需要注意的是，如表现完整的商品形象，应尽量简化画面上除主体以外的信息；当表现局部形象时，要避免有这方面信息的传达误差所引起的对整幅作品的理解误差。

陪体式：以引起消费者对商品的关注和兴趣为目标的图像作为画面的主要内容，以传达商品的功效、情调及所造成的各种变化等信息为主要特征，商品本身不在画面中占主要地位；将同商品和商品项目有关的，或消费者感兴趣的人或物作为画面的主体，以其先吸引消费者目光的关注，再把他们的目光引导向画面中处于陪衬位置的商品形象，如图9-13所示。

2）间接表现法

间接表现法侧重于摄影图像的表意功能，是一种可以传达某些广告意念、树立企业和商品形象、体现商品或者服务项目的某些特征等方面的信息的视觉表现方式。可以分为暗示型和象征型两种方式。

暗示型间接表现方式,是以与所传达的信息有某种关联的事物作为图像的主题内容,利用图像所提供的信息线索,对消费者的心理产生影响,让他们产生判断来补充完成对于广告整体信息的接受,如图9-14所示。又可细分为:因果暗示、类比暗示、对比暗示、接近暗示等类别。

象征型间接表现方式,是通过特有象征意义的事物在人们观念中所形成的表示某种固定含义的符号特性,来体现特定的广告主题。与暗示相比更具文化方面的色彩。如图9-15所示。

图9-14　暗示型间接表现广告创 图9-15　象征型间接表现广告创
意方式 意方式

 ## 9.5　新闻摄影

1. 新闻摄影的定义

新闻摄影主要用摄影手段记录正在发生着的新闻事实(或与该新闻相关联的前因后果),再结合具有新闻信息的文字说明(包括标题)进行形象化报道。这个定义对新闻摄影作出了如下五个方面的规定:① 新闻摄影的对象是新闻事实(或与新闻相关联的前因后果);② 新闻摄影的手段和表现形式是照片和文字说明的结合;③ 新闻摄影的拍摄要求是正在发生着的事;④ 新闻摄影的文字说明要具有新闻信息,并与照片内容相关联;⑤ 新闻摄影的基本职能是形象化地报道新闻。

2. 新闻摄影的特点

新闻摄影有四个特点:时效性、真实性、典型性和现场感。

新闻摄影的新闻性:新闻摄影必须体现一个"新"字,它所反映的必须是正在发生的、引人关注的新闻事实。如政治事件、经济消息、社会热点、国际关系以及反映社会生活的纪实性报道等。

新闻摄影的真实性：真实性是新闻摄影的生命之所在。虚假的新闻报道只能招致谴责。

新闻摄影的典型性：典型性包含典型事件、典型形象、典型瞬间。

新闻摄影的现场感：新闻摄影的现场抓拍，应以正确反映事件为主，具有较强的现场感；而不应过分雕琢，因追求艺术效果而有损于对事实的报道。

3. 新闻摄影中对新闻性的把握

新闻性是新闻摄影中首要的特点和要求。把握新闻摄影中的新闻性要从下面几个方面切入：一是要重视重大题材的新闻摄影报道，如政治、经济、军事、战争、国际关系、社会热点、科技等方面的新闻。二是要多拍独家新闻。所谓独家新闻，是第一个看到和拍到的或唯一的目击者；这就要求新闻摄影记者要有独特的新闻发现能力，包括新闻嗅觉和新闻视觉。三是要敢于攻克难度大的题材，比如拍摄比较艰难、拍摄的技术难度很大的题材，像火山爆发、地震、海啸、瘟疫等灾难性新闻和战争新闻。四是重视报道的时效性，尤其是突发性新闻一定要快。

4. 新闻摄影的体裁

新闻摄影的体裁主要有四种：图片新闻；特定性新闻摄影报道；专题新闻摄影报道；插图。

图片新闻多由一两张图片配以标题及简短的说明性文字组成。图片的拍摄应注意：抓住典型场景、情节和细节；使新闻形象突出、直观；善于抓典型瞬间。

特定性新闻摄影报道，指对重大新闻事件中的局部典型事物的"特写镜头"式的表现或从富于修改特征的角度进行揭示的摄影报道。特定性新闻图片用典型细节来表现和概括新闻事件，与图片新闻相比其时效性要求较弱，但需有比图片新闻更强烈的深刻性、揭示性和典型性。从新闻要素的表现方面看，图片新闻主要交代的是何时、何地、何人、何事；特定性新闻图片在于交代何故、如何。特定性新闻摄影报道的拍摄要求是：对平常事物要有富有个性的角度；和摄影技法的特写镜头区分开。

专题新闻摄影报道，指用多幅图片和文字相结合，全面深刻地表现和介绍新闻事件和新闻事物的各种新闻摄影体裁。其基本特征有：整组图片围绕同一个主题展开；通过组织和编排一个事物的全面完整的信息，讲述一个故事；图片的选择和编排具有十分重要的意义；通过各单幅图片的有机结合，形成一种整体的、集合的优势，其意义远大于单幅图片的机械相加；专题新闻摄影报道具有比任何单幅图片更丰富的内涵，能提供更丰富的内容，信息量更丰富；专题新闻摄影报道有独特的生命力，体现了图文的完美结合。2015年《纽约时报》自由摄影师Daniel Berehulak拍摄记录了埃博拉病毒肆虐下的西非，获得了普利策奖专题摄影奖。

插图照片在整个报道中唱的是配角,其作用不是单独报道一则新闻,而是配合新闻、通讯等文字报道的照片。一般有直接配合、间接配合两种方式。

5. 新闻摄影的拍摄手法

形象采访和现场抓拍是新闻摄影常用的基本拍摄手法。

形象采访,即新闻摄影采访,指通过形象积累和形象观察发现线索,用形象思维进行判断、推理、抓取最富于特点的典型瞬间形象报道新闻。新闻摄影的观察特点包括:① 从新闻事件的全局和新闻人物的总体着眼,从典型细节入手;② 现场观察要善于分析比较;③ 现场观察要注意"神";④ 善于把握新闻事件发展的高潮和人物情感的高潮。形象采访包括采访前选择的采访路线、形象积累与形象观察。

抓拍,也称现场抓拍,是指在新闻现场观察新闻主体的规律和特点,选择适当的角度,在适当的时机按动快门。现场抓拍是新闻摄影的主要技法,其特点有:① 抓拍的瞬间形象自然、真切、现场感强;② 不干涉对象抓拍的瞬间形象,信息含量大;③ 抓拍是新闻事件和新闻规律自身的要求。抓拍是新闻摄影记者的基本功,要抓住精彩的瞬间,需要眼明、手快、对发生的事物有预见性,按下快门要有提前准备。

 ## 9.6 静物摄影

在诸多摄影门类中,静物摄影具有很大的吸引力,往往是摄影爱好者颇感兴趣的一个实践领域。由于人们在生活中随处可见到静物,关于静物摄影的素材选择就显得广阔而繁多了,蔬菜瓜果、玩具乐器、工艺美术品、各种装饰性的小物件等等,均可作为静物摄影的拍摄对象。

1. 静物摄影的器材准备

1)照相机

静物摄影的拍摄器材具有很多的选择性,但一般而言,以大画幅、拍摄方便、功能强大的数码单反相机为首选。大画幅的数码相机有利于对影像清晰范围的控制以及克服在近距离拍摄时容易产生的影像变形等问题。在实际的应用中,静物摄影作品往往需要进行后期处理,因此功能强大的数码单反相机或各种数字机就成了静物摄像爱好者的器材必备品。

2)镜头

在拍摄静物时,镜头选择以中、长焦距镜头为主,标准镜头也可以使用。广角镜头在静物摄影中不常用,因为广角镜头的拍摄面积大,而且在近距离摄影时会出现严重变形的情况。此外,微距镜头可以说是静物摄影中最理想的镜头,它可以拍摄出与实物实际尺寸相等的影像,尤其是在近距离对焦时能够获得最佳效果。

3)灯具

摄影室内的人工照明,可以按照需求进行布光,光的大小强弱等都可以通过灯具的功能进行调节,十分方便。摄影室内常用的摄影灯具主要是碘钨灯。为了灵活的布光,在灯具之外,往往还需要一些灯具周边的附件来参与光线的布置。常用的附件有遮光板、反光伞、柔光箱等。

4)静物台

静物台是静物摄影的常用设备。静物台的设计近似于靠背椅,台面和靠背用整块面料连成一体,台面和靠背的交界处有一定的弧度,弧度的大小可以灵活调节。有些静物台设计成台面采用半透明玻璃或塑料的"亮桌",以便从台面后部和下方也可以向台面上的被摄物进行打光。

2. 静物摄影的用光

质感的表现是静物摄影的主要方面,合理的用光技巧对表现质感至关重要。举例而言,对于表面粗糙的器物,拍摄时用光角度不能太高,宜采用侧逆光;而对于光滑的器物,譬如瓷器,在用光上一般不宜采用直接光照明,这样容易产生刺眼的反光点。同时也不宜布置过多的灯位,以免产生杂乱的投影,拍摄时宜采用正侧光,瓶口转角处保留高光,有花纹的地方应尽量降低反光。对于像皮革制品,通常用逆光和柔光,通过皮革本身的反光来体现出质感。

3. 静物摄影的画面构图

静物摄影的画面构图要求并不严苛,一般常用的摄影构图法同样均适用于静物摄影。譬如,井字形构图、对角线构图、三角形构图、散点构图、对比构图、曲线构图、对称式构图等,这些构图法都能在对静物的画面布置中根据静物的特征来使用,以达成想要的艺术效果。

📑 思考与练习

一、简答题

1. 风光摄影的表现手法有哪些?
2. 人物摄影和人像摄影的区别是什么?

二、名词解释

1. 体育摄影
2. 新闻摄影

3. 广告摄影

4. 静物摄影

三、实践题

1. 拍摄一组不同题材、不同手法的风光摄影作品。

2. 拍摄一幅人物摄影作品和一幅人像摄影作品,并比较其不同点。

3. 拍摄一组不同姿态不同构图形式的人像摄影作品。

4. 拍摄一组不同项目体育运动的摄影作品。

5. 拍摄一组不同题材的广告摄影作品。

6. 拍摄一组时效性好、形象突出的新闻摄影作品。

7. 拍摄一组静物摄影作品。

第10章

数字摄像机及其应用

本章主要讲授数字摄像机的工作原理、数字摄像机的分类及其在不同领域的应用、数字摄像机的各个组成部分及其功能、数字摄像机的工作指标、数字摄像机的维护方法、调整数字摄像机的方法和摄像的操作要领。

 ## 10.1 数字摄像机的工作原理

从工作原理的角度出发,数字摄像机的结构可分为光学系统、光电转换系统、电路系统三个部分。光学系统有变焦距镜头、分光棱镜和滤色片三个部分;光电转换系统主要是CCD或CMOS及其附属电路;电路系统主要有信号处理电路、自动控制电路和其他附属电路。

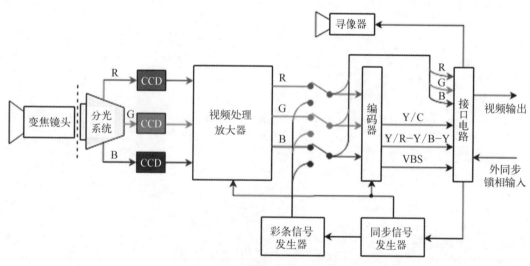

图10-1　数字摄像机工作原理框架图

1. 光学系统

光学系统中，变焦距镜头属于外部光学系统，作用是调节焦距，改变拍摄空间范围。分色棱镜和色温滤色片属于内部光学系统，分色棱镜的作用是分解为红、绿、蓝三基色光束，色温滤色片的作用是矫正光源色温。光学镜头一般由多片正透镜、负透镜以及相应的金属铝件组合而成，一般还带有自动光圈、电动变焦距等装置。

2. 光电转换系统

数字摄像机的核心器件是图像转换器，主要作用是将图像从光信号转换为电信号，从而从技术上解决了对光的记录。现今，数字摄像机的光电转换系统核心元件主要是CCD或CMOS。

3. 电路系统

电路系统主要包括图像预放电路、A/D转换电路、数字视频信号处理与压缩电路和数字音频信号处理电路四部分。

（1）图像预放电路。由于CCD输出的图像信号比较微弱，在其中还混有很多的干扰和噪声，在CCD图像传感器的后面接有一个预放电路，它对图像信号进行放大，同时对图像信号中的有用信号成分和噪声信号成分进行分离处理，然后进行消除噪声的处理。

（2）A/D转换电路。A/D转换电路是数字摄像机的重要组件，它的作用是将预放电路送来的亮度和色度信号进行A/D转换，将图像传感器上得到的模拟电信号转换成数字电信号，并送到数字视频信号处理电路中进行处理。

（3）数字视频信号处理与压缩电路。数字视频信号处理与压缩电路主要通过数字信号处理的方法对图像信号进行增益控制、白平衡调节、亮色分离等，最终将视频信号输出。

（4）数字音频信号处理电路。由话筒、记录信号放大器、音频驱动等电路组成的音频接口电路，用于音频信号的A/D转换，将话筒模拟信号转换成数字音频信号，音频接口电路输出的音频数据与压缩编码后的数字视频数据合成后送存储系统进行记录。

数字摄像机虽然种类繁多，其工作的基本原理都是一样的：把光学图像信号转变为电信号以便于存储或者传输。当拍摄一个物体时，此物体上反射的光被摄像机镜头收集，使其聚焦在摄像器件的受光面（例如CCD）上，再通过摄像器件把光转变为电能，即得到了"视频信号"。光电信号很微弱，需要通过预放电路进行放大，再经过各种电路进行处理和调整，最后得到的标准信号可以在记录媒介上记录下来，或者通过传播系统传播或送到监视器上显示出来。

 10.2 数字摄像机的分类

将数字摄像机按照用途或应用领域分类，可以分为电影摄像机、广播级摄像机、专业级摄像机、家用级摄像机和特殊用途摄像机。

1. 电影摄像机

电影摄像机主要用于电视剧、电影、广告等拍摄，是拍摄活动或静止影像的工具。这类摄像机所拍摄的画面画质好，人工操作调整的参数多，动态范围大。这类摄像机的价格最高。如图10-2所示，是Arri公司的"大画幅"4K电影摄像机，名为Alexa LF，采用了一颗比全幅传感器更大的36.70 mm×25.54 mm传感器，具备4 448×3 096的分辨率和超过14挡的动态范围。

图10-2　Alexa LF电影摄像机

2. 广播级摄像机

广播级摄像机，如图10-3所示，主要用于广播电视系统，这类摄像机所拍摄的图像质量好，彩色、灰度都很逼真，几乎无几何失真，具有优良的暗场图像，性能稳定，自动化程度高，遥控功能全面。在允许的工作范围内，广播级摄像机的图像质量变化很小，即使在工作环境恶劣（如寒冬、酷暑、低照度和潮湿等）的情况下，也能够拍出令人满意的图像，体积一般较大、重量重，价格也比较高。广播级摄像机一般为三片2/3英寸CCD摄像机。

图10-3　JVC-GY-HC900CH广播级专业摄像机

3. 专业级摄像机

专业级摄像机,如图10-4所示,这类摄像机主要用于工业、医疗、交通、电教、科研等。这类摄像机体积小、重量轻、价格便宜,但是图像质量不如广播级摄像机。专业级摄像机一般为三片1/2英寸或1/3英寸CCD摄像机。

图10-4 专业级数字摄像机

4. 家用级摄像机

家用级摄像机,如图10-5所示,主要用于家庭娱乐或对图像质量要求不高的场合(如旅游、婚礼、生日等)使用。这类摄像机小巧灵活,操作简单,自动控制功能强,价格低廉,图像质量比广播级和专业级摄像机差,但能满足一般非专业需要。家用级摄像机一般为单片1/2英寸或1/3英寸CCD摄像机。

图10-5 家用级数字摄像机

 ## 10.3 数字摄像机的构造

不论哪类摄像机,一般都由镜头、寻像器、机身、话筒和电池等几个部分构成,如图10-6所示。

话筒

镜头

寻像器

电池

机身

图10-6 数字摄像机的构造

1. 镜头

镜头是一种光学装置,与数码相机一样,摄像机的镜头也是由许多光学镜片和镜筒组合而成。它的作用是使所摄取的光线到达成像器件进行成像。镜头一般为焦距镜头,可以在一定范围内改变焦距。

变焦距镜头可以在一定范围内改变焦距,最长焦距与最短焦距的比值称为这个镜头的变焦倍数,也就是变焦比。比如,某个摄像机镜头的焦距是从10 ~ 180 mm,则它的变焦倍数就是180/10=18,也就是说这个镜头是18倍变焦距镜头。

目前摄像机的镜头有多种,但其基本模块主要有以下几个:

(1)遮光罩。遮光罩的主要作用是在拍摄时遮挡从其他方向投射过来的余光。

(2)对焦环。对焦环用来调整被摄物体的虚实,起到聚焦的作用。其常用的聚焦方法与数码相机的镜头完全一致。

(3)变焦环。变焦环被用来改变焦距,从而起到改变视场角大小和景别的作用。

(4)变焦模式转换按钮。把变焦模式转换按钮置于手动模式(MANU),用手转动变焦环可以达到手动变焦的目的。

(5)电动变焦杆。将变焦模式转换按钮置于电动位置(SER)时,变焦环无效,拨动此杆可以达到电动变焦的目的。

(6)光圈环。调整光圈环可以改变光圈大小,控制图像亮度和景深大小。C为关闭光圈。

2. 寻像器

寻像器是一个小型的监视器,主要供摄像师监看画面。寻像器的大小一般为1 ~ 7英寸。演播室或EFP(电子现场制作)摄像机一般用4 ~ 6英寸寻像器,便携式摄像机一般使用1.5英寸寻像器,专业级摄像机一般使用1.5英寸的黑白监视器,黑白监视器更利于目测对焦和控制明暗比。寻像器上可以显示相关操作和设置状态、斑马纹和警示信息等。

(1)屈光度调节。根据摄像师眼睛的屈光度进行调节,使寻像器画面最清晰。

(2)峰值控制开关调节。峰值控制开关(PEAKING)用于调整寻像器中图像的轮廓,以此帮助聚焦。

（3）斑马纹开关调节。斑马纹开关是确定手动光圈的一个参考量，当将开关置于ON的位置时，寻像器画面上70% ~ 80%的亮度部分会出现斑马纹图形，可以通过斑马纹来判断曝光量的大小。斑马纹多，曝光量就大；反之，曝光量就小。

3. 机身

机身是摄像机的主体部分，包括光电转换系统、电路系统，从构造上主要包括电源、机身面板和接口部分。

（1）电源。开机拍摄时要将电源开关置于ON的位置，关机时将电源开关置于OFF的位置。

（2）机身面板。机身面板主要包括一些开关或调整按钮，用来对摄像机的拍摄参数进行调整。包括：色温校正/中性滤色片、白平衡存储选择开关（WHITE BAL）、自动白平衡调整按钮（WB SET）、增益开关（GAIN）、快门开关（SHUTTER）、音频输入选择开关（AUDIO IN）、CH-1/CH-2音频电平调整开关（AUDIO SELETCT CH-1/CH-2）、CH-1/CH-2音频电平调整按钮（AUDIO LEVEL CH-1/CH-2）等。如图10-7所示。

图10-7　摄像机机身面板

（3）接口。摄像机的接口包括音频输入接口（AUDIO IN CH-1/CH2）、视音频输出接口（HDMI/SDI）、外部电源输入接口（DC IN）和锁相入接口（GENLOCK IN）等。

4. 话筒

话筒是用来拾取声音的，为了获得较高的灵敏度和较宽的频率范围，摄像机话筒一般采用电容式话筒。在实际使用时，还可以根据需要外接话筒。

5. 电池

摄像机电池通常采用镍镉电池或锂离子电池。使用电池要避免过放电的现象，否则会影响电池容量,并对电池造成一定损伤。

 ## 10.4 数字摄像机的工作指标

摄像机的技术指标中,灵敏度、水平分解力和信噪比统称为数字摄像机的三大主要技术指标,也是数字摄像机最重要的技术指标。

1. 灵敏度

在数字摄像机的技术指标中,往往提供最低照度的数据,在选择数字摄像机时,这个数据更为直观,具有一定的价值。最低照度与灵敏度有密切的关系,它同时与信噪比有关。最新数字摄像机的最低照度指标是:光圈在F1.4,增益开关设置在+30B挡则最低照度可以达到0.5勒克司;在ENG条件下使用时,可以选择低照度的摄像机。这样在外出摄像时,可以降低对于灯光的要求,甚至在傍晚较暗的环境下,不用灯光也能摄出可以接受的图像。

2. 水平分解力

水平分解力又称为清晰度,其含义是,在水平宽度为图像屏幕高度的范围内,可以分辨多少根垂直黑白线条的数目。例如,水平分解力为850线,其含义就是,在水平方向在图像的中心区域可以分辨的最高能力是相邻距离为屏幕高度的1/850的垂直黑白线条。

现在,高挡的业务级数字摄像机能够达到的水平分解力是800线。有的数字摄像机采用像素错位的技术,号称清晰度达到850线。实际上,片面追求很高的分解力是没有意义的,由于电视台中的信号处理系统,以及电视接收机中的信号处理电路的频带范围有限,特别是录像机的带宽范围的限制,即使数字摄像机的分解力很高,在信号处理过程中也要遭受损失,最终的图像不可能显示出这么高的清晰度。

3. 信噪比

表示在图像信号中包含噪声成分的指标。在显示的图像中,表示为不规则的闪烁细点。噪声颗粒越小越好。信噪比的数值以分贝(dB)表示,在数字摄像机的图像显示中,用肉眼观察已经不会感觉到噪声颗粒存在的影响了。

数字摄像机的噪声与增益的选择有关。一般数字摄像机的增益选择开关应该设置在0 dB位置进行观察或测量。在增益提升位置,则噪声自然增大。反过来,为了明显地看出噪声的效果可以在增益提升的状态下进行观察。在同样的状态下,对不同的数字摄像机进行对照比较,以判断其优劣。噪声还和轮廓校正有关,轮廓校正在增强图像细节轮廓的同时,使得噪声的轮廓也增强了,噪声的颗粒增大。

10.5　数字摄像机的维护

摄像机是一个高精度的设备,必须对其进行正确的维护和保养才能发挥它的效能,延长其使用寿命。摄像机的维护工作包括以下几个方面:

(1)注意防潮、防尘、防腐蚀、防强磁、防高温。摄像机不宜在高温、潮湿、强磁场或粉尘较多、有腐蚀性气体的环境中工作,否则会影响图像质量,甚至会损坏摄像机。其工作温度一般为−10℃～＋40℃,相对湿度一般为10%～85%。在受雨淋或潮湿度很高的条件下工作时,要使用防雨罩或防潮罩。在粉尘较多的场合使用时要用防尘罩。

(2)摄像机的镜头不要长时间直接对准强光源或烈日,以防损伤摄像器件。如果确实需要在强光下拍摄时,需要加中性滤色片进行减光。

(3)摄像机机身外表面板上有灰尘或凝结有水气时,可以用软干布擦拭,也可以用软布稍蘸一些清水或中性清洗剂轻轻擦拭,切勿使用酒精、挥发性汽油等任何有机溶剂擦拭,以免引起外壳塑料老化。

(4)摄像机的镜头要注意清洁和保养。不能直接用手接触或擦拭镜片,镜片表面的灰尘可以用干净柔软的毛刷拂去或用吹气泵吹去;镜片上的油渍或污渍可以用镜头清洁纸稍蘸镜头清洗剂,由镜片中心向四周以螺旋轨迹轻轻擦拭,切忌划伤镜片。

(5)摄像机使用后要关闭光圈,盖好镜头盖,取出电池,装入箱内。长时间不用时,要断开电源,取下外接话筒,装箱存放于常温干燥之处,并定期进行通电驱潮。

 ## 10.6　数字摄像机的调整

1. 白平衡

白平衡调整是指当拍摄白色物体时,通过调整摄像机红、绿、蓝三路信号中二路放大器的增益,使三路输出的三基色信号幅度相同。

白平衡的调整,可以手动调整,也可以自动调整。自动调整白平衡的方法相对简单,手动调整的步骤如下:

(1)根据光源情况选择合适的滤色片,用来控制进入摄像机CCD的通光量。

(2)将OUTPUT选择开关设为CAM。

(3)将WHITE BAL开关设置为A或B。

(4)将白色物体(测试卡或白纸等)以合适的光线入射角放置在照明光线下。

(5)将摄像机镜头对准白色物体,通过变焦使其充满屏幕。

(6)将AUTO W/B BAL开关拨至AWB侧,松开开关,开关会立即回到中央,并开始执行白平衡自动调整,寻像器画面显示AWB Bch ACTIVE。

(7)当寻像器画面显示AWB B OK 3.2 K时,就表明白平衡调整完成,此时的3.2 K就是调整时的色温值3 200 K。

在实际拍摄中,为了正确还原色彩,在下列情况下必须重新调整白平衡。

(1)拍摄时光源色温发生了变化。

(2)拍摄现场的光源照度发生了变化。

(3)改变了拍摄用的滤色片。

2. 黑平衡

黑平衡也是摄像机的一个重要参数,它是指摄像机在拍摄黑色景物或者盖上镜头盖时,输出的三个基色电平应相等,使监视器屏幕上重现出黑色。黑平衡也非常重要,如果红绿蓝三原色视频信号的黑电平不一致,也就是说,黑非纯黑,而且偏向某一种颜色,那么必须要加以调整以取得黑平衡。黑平衡需要在以下场合进行调整:

(1)初次使用本摄像机时。

(2)长时间未使用本摄像机。

(3)在温度变化较大的环境下使用时。

(4)改变了增益切换值时。

黑平衡的调整步骤如下:

(1)将OUTPUT选择开关设为CAM。

(2)将AUTO W/B BAL开关拨至ABB侧,然后松开开关,开关会立即回到中央,并开始执行黑平衡自动调整。

(3)调整时,寻像器画面显示信息:ABB ACTIVE,调整时将镜头光圈自动变为CLOSE。

(4)几秒钟后调整结束,寻像器的画面显示信息:ABB END,调整值自动存储在所选的存储器中。

3. 滤色片的调整

滤色片有多种不同用途,能大大激发摄影摄像者的创意。拍摄时可以用滤色片创造一系列围绕颜色变化而呈现的特效。

在实际拍摄时,摄像机经常要对准高亮度物体,有时因艺术的需要而不能减小光圈,或即使光圈开到最小,也不能处理高光区,此时可以通过调整中性密度滤色片(ND滤色片),在不改变入射光色温的情况下减少通光量。在摄像机面板上,ND前面的数字表示通光量,即选择1/4ND表示通光量为原来的1/4。在拍摄时要注意画面的曝光及时调整滤色片。

4. 光圈调整

光圈控制是摄像师的基本功之一。摄像师只有随时针对不同的景物亮度或者画面景深的需要来调整光圈,才能达到正确曝光或相应的拍摄目的。调整光圈的方法有三种:自动光圈调整、手动光圈调整和光圈临时自动调整。

(1)自动光圈调整。当将光圈自动/手动调整开关置于A的位置时,摄像机能够根据被摄主体的平均亮度自动地调整光圈的大小,使摄像机始终能够获得正确的曝光量,这是摄像时通常使用的模式。

(2)手动光圈调整。当将光圈自动/手动调整开关置于M的位置时,可以通过调整光圈环来手动调整光圈。在被摄主体对比度很大或者光线情况复杂的情况下,手动调整光圈的效果比自动光圈调整的效果要好。

(3)光圈临时自动调整。当将光圈自动/手动调整开关置于M的位置时,按住光圈临时自动调整按钮,使光圈处于临时自动调整状态,这时摄像机会根据被摄主体的平均亮度自动选择合适的光圈。松开此按钮,光圈就固定于调整位置,并返回手动光圈调整状态。使用此按钮的目的是在手动调整光圈时为摄像师提供一个参考值。

 ## 10.7 摄像操作要领

摄像操作要领可以简单地概括为五个字:稳、准、匀、平、清。要真正掌握好这五个字,需要进行长期的训练。

1. 稳

电视画面不稳、镜头晃动会影响画面内容的表达,不仅会让观众的眼睛疲劳还会破坏他们的欣赏情绪使人有不安定的感觉。因此持机稳定是一项基本功。"稳"是指所拍摄的画面要稳定、平滑。

练好持机的基本功,是保证画面稳定的最基本方法。手持摄像机拍摄时,双脚要叉开站立,与肩同宽,双膝略微弯曲,重心降低。还可以借助于三脚架、拍摄轨道等工具进行辅助。利用三脚架是减轻画面晃动的有效办法之一。在情况允许时,应尽量利用三脚架,或充分利用各种支撑物,如身边的树、电线杆、墙壁等等。

切忌边走边拍,这样会造成很大的晃动,除非特殊情况,如为了突出紧张气氛或者表达眩晕等感觉,拍摄时故意产生不稳或晃动的效果。

2. 准

"准"一般包括三个方面的内容。一是指表达的主题要准确,拍摄的景物范围应该与所要求的范围一致。一般要求被摄主体应该放在寻像器的安全显示框内。二是指摄像机能够准确地还原被摄物体的色彩,这需要准确调白平衡。三是指落幅要准。当某个技巧性镜头(推)结束时,落幅画面中镜头的焦点、构图应该是正好的。如果落幅之后再修正构图,会给观众造成一种模棱两可的印象。

"准"这一要领在摄像中是较难掌握的,如推镜头和摇镜头,画面中的构图在不断变化,为了保持构图均衡,常常结合两种技巧,在最适当的时机,推和摇同时结束,落幅应当是最佳构图。

3. 匀

"匀"是指运动镜头的速率要均匀,不能忽快忽慢,无论是推、拉、摇、移还是其他技巧都应当匀速进行。镜头的起、落幅应缓慢,不能太快,拍摄静态物体以看得见为准,中间必须是匀速的。但是,"匀"并不是意味着绝对平均,绝对的平均或机械式的运动都不利于表现画面的节奏。

4. 平

端平摄像机是保证画面平稳的首要条件。"平",是指所摄画面中的地平线一定要平。寻像器中看到的景物图形应横平竖直,以寻像器的边框为准来衡量。画面中的水平线与寻像器的横边平行,垂直线与寻像器的竖边平行。如果线条歪斜了,将会使观众产生某些错觉。但不是所有的画面都要求"平"。在一些影视作品或广告、音乐短片中有时为了达到一种特殊的艺术效果,有意使画面倾斜。

5. 清

"清"是指所拍摄的画面要清晰,聚焦要准确,以保证画面细节能够得到清晰、完整地体现。造成画面不清晰的原因很多,如聚焦不准、慢快门拍摄高速物体、镜头脏污、天气条件等,以及取景和构图不当等,拍摄时应该尽量避免这些问题。

思考与练习

一、简答题

1. 简述数字摄像机的工作原理。
2. 简答数字摄像机有哪些类别? 分别用在什么领域?
3. 简答数字摄像机的构造有哪些部分?
4. 数字摄像机的工作指标有哪些?
5. 摄像的操作要领有哪些?

二、名词解释

1. 灵敏度
2. 分解力
3. 信噪比

4. 白平衡

三、实践题

1. 练习不同的执机姿势拍摄。

2. 在不同光照条件下进行拍摄,练习滤色片和手动白平衡的设置方法。

3. 练习变焦操作,学会匀速变焦。

4. 练习摄像中的手动光圈操作。

5. 练习摄像中的"稳"。

第11章

不同类型镜头的拍摄

本章主要讲授固定镜头、运动镜头和其他各类镜头的含义、画面特点、功能作用以及拍摄要求。

11.1 固定镜头的拍摄

1. 固定镜头的含义与画面特点

固定镜头是指在拍摄一个镜头的过程中,摄像机机位、镜头光轴和镜头焦距固定不变的情况下进行的摄像。固定镜头的核心就是画面所依附的框架不动,被摄对象既可以是动态的,可以在画面中自由地移动、出画入画;被摄对象也可以是静止的,固定镜头不完全等于摄影照片,它并不排斥运动,而是强调视角的单一性。固定镜头摄影机就像是观众的眼睛"静观"场景中的变化,不参与到场景之中,不做任何引导和评价,具有客观性。

2. 固定镜头的功能作用

1)客观性

固定镜头将画框固定,由观众自己决定"看什么",相对于运动镜头给予观众更多的主动权,固定镜头不会受到镜头画面本身的引导和强制,更具有客观性。所谓客观地反映事物就是镜头内容应忠实于事物的原貌,不要带有创作者的个人情感。观众看到的是不带有处理痕迹的镜头画面,感觉上认为是客观地反映和表现被摄对象。这里的"客观性"是一个相对的概念,纯粹的客观是不存在的。

2)以静衬动

固定镜头借用固定画框和静态背景,突出动态对象的运动。例如,用固定镜头拍摄草原上飞奔的骏马,固定不动的画框和草原使得骏马的动感得到了突出和强化。

3)以静衬静

这里的静态并非是完全意义上的"静止",而是主要指人物的运动幅度不大。常借助中近景或特写景别的固定镜头来突出相对静止人物丰富的神态表情和小幅度的动作。

4）有利于展现环境

影视中我们常常看到用远景、全景等大景别固定画面来展现环境的特点，并且在构图、色彩、光影等方面十分严谨，使画面具有艺术美感。

3. 固定画面的拍摄要求

（1）"稳"字当头。固定镜头的特点和优势都来源于它的画框是稳定不动的，在拍摄过程中一定要强调"稳"，所以在拍摄过程中首先要保证机身始终保持稳定。首先，可以借助三脚架、减震器等专用设备。为了减少人体直接接触产生的抖动，拍摄时身体不要贴在三脚架和摄像机上，要离开三脚架和机器。其次，当我们手持拍摄时可以利用广角镜头视角大机器稍微有点抖动，在画面上也不会产生太明显的晃动的特点来获得稳定的画面效果。并且手持拍摄时应双脚自然分开站立，屈肘贴身呼吸要平稳（必要时屏住呼吸）；如果蹲下拍摄要蹲到底，不要似蹲非蹲；这样拍到的画面较为平稳。在一个拍摄点固定拍摄时，可以利用身旁的栏杆、墙壁、石凳、地面和树干等作为辅助支撑，稳住身体和机器。

（2）静中有动，捕捉动感。拍摄固定镜头过程中，要注意画面不要过于死板，应注意捕捉动态因素，有意识地利用微风中摇曳的柳枝、小河中嬉戏的鸭鹅或是走动的人物来活跃画面。整体上是静的，局部又是动的，静中有动，动静相宜，这样就使死板的画面活了。

（3）完美构图，立体造型。与运动镜头相比，固定镜头在构图上的要求更高，在光影应用、色彩搭配等方面要细致考究，注重美感。

（4）瞻前顾后。拍摄时应注意每个固定镜头内在的连贯性，注意景别上衔接的流程感以及前后镜头在空间、角度、情节方面的合理性，才能保证画面的完整和流畅。

（5）创建立体感。注意纵向空间和纵深方向上的调度和表现，在二维的影视屏幕上表现现实世界的三维造型特点。有意识安排好主体与前景、背景、陪体的关系，多用斜侧光线来营造立体感、空间感和层次感。

📹 11.2 运动镜头的拍摄

运动镜头是指由于摄像机机位的运动或者镜头光轴、焦距等变化而拍摄的镜头。运动镜头的形式有很多，常见的有推镜头、拉镜头、摇镜头、移镜头、跟镜头、甩镜头、升降镜头、综合镜头等。

1. 推镜头

推镜头是指摄影机向被拍摄的人和物方向推进，或者变动镜头焦距向被摄人或物推进的拍摄手法。

1) 推镜头的含义与画面特点

推镜头在将镜头画面推向被拍摄主体的同时,取景的范围也由小到大,随着次要部分不断地被移出画面外,所要表现的主体部分则逐渐"放大"并充满画面,因而具有突出主体、突出重点形象的作用。推镜头在形式上是指通过画面框架向被摄主体接近,主要从两个方面规范了观众的注意力和视线。首先镜头向前运动的方向性有着"强迫式引导"观众注意被摄主体的作用;其次推镜头的落幅画面最后使被拍摄主体处于画面中最为醒目的结构中心的位置,给人鲜明强烈的视觉感受。

推镜头一般有三个重要特点:第一,推镜头能够使视觉前移,看得更清楚,能够让被摄物更大地出现在观众面前;第二,推镜头的画面中有明确的被摄物,也就是说,拍摄画面里有重点突出的事物;第三,推镜头在拍摄的过程中环境是越变越小的,被摄物越变越大的。

2) 推镜头的功能与作用

推镜头是视频拍摄中常用的手法之一,因为推镜头有其特有的功能与作用。首先推镜头能够突出主体人物,突出重点形象,以此来加强被摄人和物带给观众的动感。其次推镜头能够突出细节,突出重要的情节因素,强调一个重要的被摄主体,让观众能够感觉到特定的情绪。最后推镜头的推进速度应当和镜头内展现的情绪相匹配,达到观众的心理预期。其中根据推镜头的速度展现特定情绪来划分又分为急推镜头、快推镜头和缓慢镜头。急推镜头也就是快速的推镜头,可以直观地告诉观众这是在着重表现什么,是一种特别强调,带有导演强烈的主观性。一般来说,急推镜头是导演希望观众关注的重点。快推镜头比较快地推镜头,在一定程度上能造成强烈的视觉冲击力,让观众有震惊、急促、匆忙的感觉。缓慢推镜头是一种情绪的渗透和叠加。镜头里的所有元素,例如画面、人物、背景等都是在慢慢变化的,观众具有一种悄然接近的感觉。

【案例】

在电影《追龙》(2017)的缓慢推镜头(00:01:45 ～ 00:01:55)中,在四人中突出画外音自白的伍世豪,同时随着镜头的不断推近,让观众立即明白他是四人中的主角。把镜头缓慢推近一个角色,就仿佛接近某种有决定意义的东西,给观众一个信号,马上就要看到某种重要的事情。而把镜头缓慢地拉出,特别是用在影片最后,就会有结束、落下帷幕的感觉。

3) 拍摄技巧

镜头的推拉技巧是一组在技术上相反的技巧。使用推镜头之前,我们首先应该明白推镜头最直白的表现相当于我们沿着物体的直线直接向物体不断走进观看;其次在推镜头拍摄过程中,我们应该知道的是推镜头的作用重点是突出介绍后面的影片中出现的重要人物或者物体,它可以使观众的视线逐渐接近被拍摄对象,逐渐把观众的观察从整体引向局部;最后在推镜头的推进过程中,画面所包含的内容逐渐减少,也就是说,镜头的运

图 11-1　推镜头

动摒弃了画面中多余的东西，突出重点，把观众的注意力引向某一个部分。

推镜头的实现方法有两种，一种是机位推镜头，一种是变焦推镜头。

机位推镜头是摄像机由远而近靠近被摄主体，使要表现的部分在画面中逐渐占据比较大的空间，其景别逐渐变小。这种方式的推镜头使人产生的身临其境的感觉会更强一些。实现机位推的方法是依靠三脚架的旋轮转动，或依靠移动轨道，或依靠肩扛机前移。

变焦推镜头是摄像机的机位不变，通过手动或电动变焦环，使变焦镜头的焦距由短变长，景别由大变小。

机位推镜头和变焦推镜头虽然都会产生景别由大到小、视觉前移的效果，但是两者在技术上和美学上有着各自的内涵,呈现出不同的画面效果。机位推镜头的视角无变化,视距有变化,景深无明显变化,空间透视变形保持原来视角下的镜头特性,视觉空间出现新的形象和内容,观众的感觉视点前移,有身临其境的感觉;变焦推镜头的视角有变化,视距无变化,景深会发生变化,空间透视变形由广角向长焦距镜头特性发展,没有新的画面内容,观众难以产生身临其境的感觉。

2. 拉镜头

拉镜头是指摄影机逐渐远离被拍摄的人和物或是镜头焦距变动拉远与被拍摄人和物距离的拍摄手法。拉镜头与推镜头的运动方向是相反的,拉镜头的画面一般由小景别变为大景别。

1)拉镜头的含义与画面特点

拉镜头画面通常从某一处被摄主体开始逐渐拉开,随着画面的不断拉开,空间的逐渐拓展,展现出主体周围的环境或有代表性的环境特征物,最后在一个远大于被摄体的空间范围内停住。拉镜头从起幅开始,随着镜头拉开画面表现的范围不断拓展,新视觉元素不断入画,原有的画面主体与不断入画的形象构成新的组合,产生新的联系,每一次形象组合都可能使镜头内部发生结构性的变化。

拉镜头有三个重要特征:第一,拉镜头有利于表现主体和主体与所处环境的关系。在拉镜头中随着视觉的不断后移,观众所看到的元素逐渐变多,视角变广。第二,拉镜头画面的取景范围以及表现空间都是从小到大不断扩展的,使得画面构图形成了多结构变化。被摄主体由大变小,周围环境由小变大。第三,拉镜头带出空间感,当镜头拉远了我们能够看出空间距离。同时拉镜头也常用于揭示谜题,大多数拉镜头被用来表现剧中人物清醒后的情景,以此展示周围环境。

2)拉镜头的功能与作用

因为推镜头和拉镜头都能让观众的注意点改变,所以经常被用作展示进入或是离开一个场景。推镜头是伴随和尾随的深入,而拉镜头则展示意境和抒发情感。拉镜头的功能和作用在影视剧镜头语言的运用中一直无可替代。

第一,拉镜头能够展现被摄物主体与周围环境之间的关系。随着镜头拉远,画面中元素越变越多,让整个画面层次丰富,有更多的结构变化。

第二,由于画面元素增加,拉镜头能够起到对比、比喻和反衬的效果。我们经常在影视剧中可以看到画面中人物与周围环境完全不对应的反差效果就是由拉镜头表现出来的。

第三,拉镜头在一定程度上能够引发观众的好奇心,从被摄物的局部开始逐渐后拉,直到展示完全的被摄物,这样的摄影方式可以满足观众的想象。

第四,由于拉镜头的内部节奏是由紧到松的,所以更利于展示情感色彩,抒发情感。

第五,某些影片中的转场也是由拉镜头完成的。拉镜头因为可以一次展现很多的画面元素,也经常被用作结束性或者是结论性的镜头。

【案例】

电影《惊天魔盗团》(2013)中由海报人物眼睛的大特写拉到催眠高手麦克金尼与被催眠者的中景(00:02:06 ~ 00:02:10)。拉镜头将迷人的眼睛和周围的环境展现出来,揭示了这双眼睛仅来源于海报,侧面展现了麦克金尼的催眠能力。

图11-2　拉镜头

3）拍摄技巧

摄像机不断地远离被拍摄对象，也可以用变焦距镜头来拍摄（从长焦距逐渐调至短焦距部分）。在使用拉镜头的过程中，首先我们需要注意的是拉镜头拍摄之前我们应该目的明确，明白自己使用拉镜头之前想要表达什么，其次才是如何拉镜头。

3. 摇镜头

摇镜头是指在摄影机的机位不变的情况下，通过摄影机机身的上、下、左、右不同方向的均匀摇动所拍摄的镜头。

1）摇镜头的含义与画面特点

一般来说，纯粹的摇镜头是在一个镜头中机位不变、焦距不变，借助于三脚架上的活动底盘或拍摄者自身沿着水平、竖直、斜向移动摄像机的光学镜头轴线，仅改变拍摄方向，景别一般不发生变化。

摇镜头是电影中最常见的运动镜头形式，一般具有五个显著特点：第一，在综合运动镜头（多种运动镜头融合的复杂运动镜头）中，摇镜头是与其他类型运动镜头结合最为密切的一种运动镜头；第二，摇镜头是现如今最为符合人们观察事物时眼睛运动方式的运动镜头；第三，摇镜头会使观众不自觉地在一个镜头中改变自己的注意力，这种改变是强制性的，是导演强制观众观看他给出的重点信息；第四，在摇镜头中，与推镜头和拉镜头相比，观众观察画面内元素的时间比较短；第五，镜头摇动的时间与画面框架中的空间叠加起来就可以表现空间和形象。

2）摇镜头的功能与作用

摇镜头根据不同的分类标准可以分为三类。首先，按照速度可以分为快摇镜头和慢摇镜头；其次，按照拍摄方向可以分为横摇镜头和垂直摇镜头；最后，还有一种打点摇镜头，也就是间歇式摇镜头。

（1）快摇镜头（闪摇镜头、甩摇镜头）。快摇镜头一般被用作两个镜头中的过渡，由于速度比较快，观众基本只能看到镜头的起幅（开始画面）和落幅（结束画面），快摇镜头常被用作强调两者（起幅和落幅）之间的关系。快摇镜头的速度之快能给观众带来冲击、惊讶、突然和意外的效果。

【案例】

电影《唐伯虎点秋香》中华夫人与唐伯虎争执的场面，强调两人之间的关系，增加喜剧冲击力，不失为快摇镜头里面的经典案例。

（2）慢摇镜头。慢摇镜头一般能在镜头中展示多个事物，并且揭示它们其中的内在联系。由于速度慢，所以能展示环境的规模（多用于历史片或是大场面的场景展示）。此外慢摇镜头可以制造悬念，用慢节奏来加强观众的期待效果，烘托情绪和氛围。

图11-3　快摇镜头

【案例】

电影《摔跤吧，爸爸》中，利用慢摇镜头来表现姐妹俩清晨在乡村小路跑步的场景，展现了二人与周围环境的反差，体现了爸爸的严厉（00：18：10 ～ 00：18：18）。

（3）横摇镜头。横摇镜头类似于日常人类的视线移动，所以多用于影片中人物的主观视角（以人物本身的视角来推进剧情）。如果画面中的物品有类似或是相同的，能起到情绪的叠加和递进的作用，常用作抒情的目的（在一些电影的回忆段落会用横摇镜头展示一些带着记忆的物品）。

【案例】

电影《赛德克·巴莱》（2012）中，表现日本士兵禀报土著造反的消息，横摇镜头带出

图11-4　慢摇镜头

了日本士兵的动势,用以展现情况紧急(02∶04∶14～02∶04∶18)。

（4）垂直摇镜头。垂直摇镜头能表现环境的高度和深度。在大量影片中会与横摇镜头结合来展现银幕空间。

图11-5　横摇镜头

【案例】

电影《热血高校》(2007)中为展现终极一战，运用了由下至上的垂直摇镜头，通过这一镜头展现以芹泽多摩雄为首的一帮混混的人数之多、气势之足

图 11-6　垂直摇镜头

（01：41：38 ～ 01：41：46）。

（5）打点摇（间歇摇）镜头。与横摇镜头和缓摇镜头类似，打点摇（间歇摇）镜头只是会在一些物体上稍作停顿，起到强调的作用。在影视中经常使用摇镜头，究其原因是以下强大的艺术表现力：

① 展示空间扩大视野，展示更多的视觉信息。

② 介绍同一场景中两个物体或事物，体现事物的内在联系。

③ 利用性质意义相反或相近的两个事物，通过摇镜头连接起来表示比喻、并列、因果等关系。

④ 在一个稳定的起幅画面后用极快的摇速使画面中的形象全部虚化，以形成具有特殊表现力的甩镜头。

⑤ 用追摇的方式表现运动主体的动态、动势、运动方向和运动轨。

⑥ 对一组外形相同或相似的物体，用摇的方式让他们在画面上逐个出现，可以形成一种积累效果。

⑦ 通过对某个活动的物体的追摇引出被摄主体，使主体物出场自然、生活化，符合人们生活的视觉感受。

3）拍摄技巧

（1）摇镜头的理论技巧。在用摇镜头拍摄之前，要思考：第一，一定要有明确的目的，满足观众的期待心理。为什么要摇？要摇出什么物体？什么关系？要达到什么目的？实现什么意图？第二，起幅、落幅两个画面的构图要饱满、充实，主体一定要鲜明突出。第三,要有摇的契机和落的依据。第四,摇的速度要有情绪依据。

（2）徒手水平摇摄的实践技巧。确定摇摄的起始画面和终止画面,将身体朝向终止画面,平稳地握住摄像机,两脚分开稳定地站立并使摄像机朝向终止的拍摄方向,然后转动身体至起始画面的位置,此时开始拍摄。

4. 移镜头

移镜头是指将摄影机放在移动的物体上面,随着它的移动所拍出来的镜头。

1）移镜头的含义与画面特点

移镜头能够造成环视、跟随等动态效果,能给人身临其境的参与感和现场感,其次移镜头能使画面构图不断变化,各种人物和景物不断展现,便于交代和叙述,因而是电影摄影的重要造型手段。按照移镜头的方向进行分类,可以分为纵深移动镜头（前移、后移）、横向移动镜头（左右移）、不规则移动镜头（曲线轨迹移动）、竖直方向移动镜头（升降）。

移镜头有三个显著特点:第一,不论镜头里面画面内的物体移动没有,画面始终处于移动的状态;第二,摄影机的运动类似于观众平时生活中的移动,如走路或坐车等,让观众感同身受;第三,移动镜头中的画面空间是完整连贯的,时刻改变观众的视点,有着它自己的节奏。

2）移镜头的功能与作用

移镜头的功能和作用表现在:第一,移镜头由于可以做曲线运动,所以对于复杂或多变的地势环境也能完整地展现;能够开拓画面的造型空间,创造出独特的视觉艺术效果。第二,表现大场面、大纵深、多景物、多层次等复杂空间时独具完整性和连贯性,例如一些长幅画卷,可以利用移镜头和小景别来表现画卷的细微之处。第三,可以表现某种主观倾向,更能体现出真实感和现场感,这种方式往往是借助居中的某一人物的主观视角进行移动拍摄的。

由此,总结出移镜头与摇镜头相似的作用是:都能表现空间的完整统一;都能表现出人物的心理情绪。不同之处是:拍摄过程中的运动方式不同,后者无位移,前者往往沿直线运动。但是就镜头的总体运用来看,移镜头相比摇镜头,能更好地表现复杂空间。

【案例】

电影《忠犬八公的故事》中,为展现秋田犬小八初次到帕克家的场景,用移动的主观镜头（小八视角的镜头）跟随着小八的运动,表现了一只狗对于新家的好奇（00:08:20～00:08:50）。

3）拍摄技巧

移动镜头是最能展现复杂或多变环境的运动镜头（综合运动镜头除外）。它的移动轨迹也最能模拟真实生活中的环境情况,让观众十分有临场感,也能更加深刻地感受到导演所要传达的信息和情感。

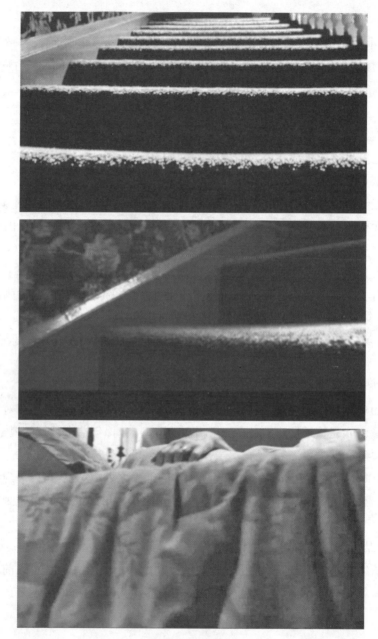

图11-7 移镜头

在使用移镜头时,我们需要掌握相关的拍摄技巧:

首先,由于摄像机一直都在运动,因此拍摄者需要加强对画面构图的控制,所以注意画面构图是很重要的。

其次,移摄的衔接,一般要注意速度的衔接、方向的衔接、光线与影调的衔接以及景别的衔接等来保持画面正常流畅,所以移摄中画面衔接问题显得尤为重要。

再次,没有必要的长度就无法体现运动的特性,也就无法展示运动的魅力。但这种必要的长度不等于越长越好,而应该适可而止,所以拍摄中要注意拍摄时长的控制。

最后,在移摄过程中,安全是必须时刻关注的问题。无论是借助运动器具移摄,还是肩扛手持移摄,所有可能涉及安全的问题都要尽量想得周到一些、仔细一些,同时还要请摄制组人员或协拍人员随时帮忙,以做到万无一失。

5. 跟镜头

所谓跟镜头就是摄像机始终跟随运动的被摄主体一起运动而进行的拍摄。

1）跟镜头的含义与画面特点

跟镜头的画面始终跟随一个运动主体,被摄对象在画框位置相对稳定,画面对主体表现景别也相对稳定。比如：全景就一直是全景。早期跟镜头通过肩扛摄像机实现,如今一般影视中常常采用斯坦尼康甚至结合大型摇臂跟摄,保证画面的平稳。

跟镜头的画面特点有以下三点：首先,被摄主体在画框中处于一个相对稳定的位置上,而背景、环境则始终处于变化中；其次,跟镜头画面中的景别相对稳定；最后,跟镜头与推镜头和移镜头在画面造型上有明显的不同。推镜头在画面中有一个明确的主体,且由小到大景别也变化,不论摄影机向前运动还是变焦距（广或长）；移镜头在画面中没有明确的主体,且景别不变。三种方式的不同特点有着三种不同的画面造型效果。

2）跟镜头的功能与作用

跟镜头大致可以分为三种情况,正跟、后跟（背跟）和侧跟。

（1）正跟镜头。正跟镜头的摄影机位于被摄物的前方,与被摄物保持特定距离,同步移动完成拍摄。这种拍摄方式一般着重展现被摄物的速度和姿态,因此可以用于拍摄追逐戏,由于被摄物正面朝向镜头,能给观众带来视觉冲击力。

【案例】

电影《非常人贩3（玩命速递3）》(Transporter 3)（01：03：17 ～ 01：04：04）：表现了弗兰克的步步紧逼,给女主角一种压迫感。通过拍摄逼迫她交还车钥匙的镜头,可以清楚地看见他的神态和一步步逼近的动势。

图 11-8　正跟镜头

（2）侧跟镜头。侧跟镜头是摄影机位于被摄物的侧面（两侧均可），且与被摄物保持特定距离、同步拍摄完成的镜头。侧跟镜头一般着重展现被摄物的姿态和周边环境，此外，由于被摄物侧面面对镜头，所以观众能更为直观地看到被摄物的动态和姿态，多用于纪实类影片。

【案例】

电影《我的父亲母亲》：利用侧跟镜头展现了招娣奔跑的场景。红色的棉袄与背景形成了鲜明的对比，体现了她的天真烂漫。

图 11-9　侧跟镜头

（3）背跟镜头。背跟镜头是摄影机位于被摄物的背后,在与被摄物保持一定距离的情况下同步拍摄完成的镜头。这种镜头一般着重展现紧张气氛或是被摄物的速度。由于摄影机位于被摄物的背后,所以有监视或是跟踪的含义。多用于犯罪、动作片里的追逐戏,也多见于惊悚片里凶手(怪物)等追逐厮杀的片段。是三种跟镜头中比较多见的一种。

【案例】

电影《追击者》(추격자)(01:11:38～01:11:42):快速移动的背跟镜头表现了警察严忠浩急切地希望抓到犯人的心情,并且展示了追逐场景周边的小巷环境,也体现了双方追与被追的紧张气氛。

跟镜头有其独特的功能和作用:第一,跟镜头能详细且连续地表现运动中的被摄物,

图 11-10　背跟镜头

在明确被摄物的同时，可以表现它的姿态、速度以及与周边环境空间的关系。第二，由于被摄物主体在画面中的大小始终不变（与摄影机保持固定的距离），周边的空间环境都发生改变，可以营造一种由被摄物带出周围空间环境的感觉。简单来讲就是形成运动主体不变、人物背景变化的造型效果。第三，由于一直跟随着被摄物主体移动，它可以增强镜头的真实感，表现同入此境同生此感的主观感受。第四，其跟随记录的表现方式在纪实和新闻节目的拍摄中有着重要的纪实性意义。

3）拍摄技巧

跟镜头拍摄应注意的问题有：首先，跟上、追准被摄对象是跟镜头拍摄的基本要求，要将其稳定在画面的某个位置上。其次，跟摄一定要稳，运用运动的方式去记录一个运动物体，如果速度不一致，反映到的画面就表现为被摄物体在画平面不断位移，这种情况就会造成观众视觉疲劳。所以在跟拍过程中，平稳是必然要求。应基本上保持平行或垂直的直线性运动，不能出现幅度和次数过大过频的跳动。最后，注意焦点和光线的变化。

6. 甩镜头

甩镜头是指摄像机从一个拍摄点甩到另一个拍摄点进行的拍摄，主要实现场景、内容或景别的变化，甩镜头的显著标志是上一个镜头甩到下一个镜头的中间过程中会出现画面。

1）甩镜头的含义与画面特点

甩镜头，也即扫摇镜头，指从一个被摄体甩向另一个被摄体，它可以表现急剧的变化，作为场景变换的手段时不露剪辑的痕迹。在观众所见的甩镜头中，画面只有在起幅和落幅时是清楚的，中间过程拍下的是移动的虚像。它可以创造一种气氛。如拍摄公安人员追捕一名逃犯，逃犯在一条大街的一端仓皇逃窜，公安人员在大街的另一端奋力追捕。先可拍摄一段逃犯跌跌撞撞逃跑的狼狈相，然后镜头快速甩过大街到另一端，拍摄公安人员拨开人群奋勇追捕的身影，然后可以再甩回拍逃犯，再甩回拍公安人员。这样用甩镜头可以把这段追捕的场面拍得非常生动，类似的镜头和甩镜头的应用在许多影视剧中都可见到。

2）甩镜头的功能与作用

甩镜头可以说是摇的一种特殊样式，通常用来交代时间或空间的大跨度转移。甩镜头主要有两个方面的功能和作用：

首先，甩镜头可以造成突然的过渡，渲染气氛。

例如，《哈利·波特与魔法石》采用了很多甩镜头呈现竞争激烈的魁地奇球赛，既可增加惊险度，还能营造赛程过渡效果，凭借难以预料的比赛结果去吊足观众的观影兴趣。

其次，甩镜头可以展现同一时间内在不同场景中所发生的并列情景。

例如，现场竞赛类综艺节目（美食现场制作等）会用甩镜头来展现同一时间下各个参赛组在各自场地完成节目任务的情况，让观众看到各个参赛组的表现，尤其是比赛临近结束的时候，甩镜头使用更加频繁。

3）拍摄技巧

在甩镜头的拍摄中，应该注意以下三点：首先，要求环境相对单一；其次，不能有特别明显的明暗反差；最后，很少出现竖向的对角线的甩镜头，大多是横向甩镜头。

7. 升降镜头

将摄影机固定在升降装置上，随着升降装置一边升降一边拍摄完成的镜头被称为升降镜头。

1）升降镜头的含义与画面特点

摄影机在升降机上做上下运动所拍摄的画面，是一种从多个视点表现场景的方法。其变化有垂直升降、弧形升降、斜向升降或不规则升降。

升降镜头的画面特点主要有两点：第一，升降镜头的升降运动带来了画面视域的扩展和收缩。第二，升降镜头视点的连续变化形成了多角度、多方位的多构图效果。

2）升降镜头的功能与作用

升降镜头与跟镜头一样都是改变传统视线习惯的运动镜头，可以一定程度上打破观众的视线习惯，形成新的视觉冲击力，因为有视点的变化，会形成多角度和多方位的构图，产生新鲜感。升降镜头大多用于拍摄环境和展现气氛，有助于加强戏剧效果。

升镜头的功能与作用有：第一，镜头升起形成高俯拍摄，展示广阔的空间环境，营造宏伟的感觉,并且能从物体的局部展示整体,营造出大场面、气势磅礴的氛围。第二,它同样可以使被摄物显得低矮、渺小,可以带有导演的主观色彩,有藐视被摄物的感觉。第三,交代被摄物所处的环境。第四,打破传统空间想象,形成新的视觉冲击力,让画面更有层次感。

【案例】

电影《300勇士:帝国崛起》(*300: Rise of an Empire*)(01:19:38 ~ 01:19:50)展现了斯巴达动员士兵群起抗争的场景。镜头由低机位向上升,交代了整体的环境,带给观众极强的视觉冲击力,增加了场景的史诗感。

降镜头的功能与作用有:第一,聚焦在被摄物上,引导观众的关注重点(视线中心)。第二,画面居高临下,可以带有导演的主观色彩,让被摄物有被抬高的感觉。第三,营造恢宏磅礴的氛围。第四,与升镜头相同,可以打破传统空间想象,让画面更富有层次感。

【案例】

电影《天将雄狮》(00:24:05 ~ 00:24:09):该片段用降镜头展现了敌方军队从远处飞驰而来的场景。从高处带出了西域壮阔的环境,镜头下降配合着军队向前的动势,增加了敌人来势汹汹的气势。

我们可以把升降镜头的功能与作用总结为以下几点:第一,升降镜头有利于表现高大物体的各个局部。第二,升降镜头有利于表现纵深空间中的点面关系。第三,升降镜头画面中可以不存在主体被摄物,可以只用来塑造环境、渲染气氛,也常用以展示事件或场面的规模、气势和氛围。第四,利用镜头的升降可以实现一个镜头内的内容转换与调度。第五,升降镜头的升降运动可以表现出画面内容中感情状态的变化。

3)拍摄技巧

(1)与环境气氛相协调。由于升降镜头带来的视觉感受比较特别,容易让观众感受到创作者的主观意图,从而产生对画面造型效果的"距离"感,因此升降镜头应慎重使用,特别是拍摄新闻纪实类节目时更应慎重考虑。否则,画面造型的表现性可能会影响节目内容的真实感和客观性。

(2)主体始终处于画面兴趣中心。利用升降镜头拍摄同一主体来展示其从不同高度观察的差别时,应注意保持使主体始终处于兴趣中心,才不会使观众在观看过程中将注意力转移到其他对象上。

(3)镜头的升降要稳。保持升降镜头的拍摄稳定性和速度的均匀性可借助升降机或吊臂。在运用升降机时,摄像师和摄像机连同三脚架在升降车里上下移动,在移动过程中摄影师进行拍摄,从而构成综合运动。吊臂又称遥控升降机,俗称"大炮",是近几年才发展起来的综合运动工具,只需把摄像机固定在吊臂的前端,摄影师在地面上手动摇控即可。

8. 综合镜头

综合镜头简单来说就是摄影机在一个镜头中，把推、拉、摇、移动、跟、升降等运动模式按照不同程度和方式结合起来拍摄完成的镜头。

1）综合镜头的含义与画面特点

电影的基本运动模式都包括在上述运动镜头中，但是有时电影需要表现现实中一些比较复杂的运动，这些运动并不能被单个种类的运动镜头所包含。于是，就出现了由多种运动镜头形式（推、拉、摇、移动、跟、升降）组合成为一个镜头的呈现方式，这就是综合运动镜头。

综合镜头的画面特点有：第一，相比于单个种类的运动镜头，综合运动镜头的画面能使被摄物呈现更为复杂、灵活多变的造型效果，也能传达出更多的信息。第二，综合运动镜头中的画面运动可以是多方向、多种类的，并不一定局限于单个方向（可以其中一部分时间向前，然后停下，再向后转）、单个种类（镜头中可以先是一段移动镜头，然后紧接着切为跟镜头或是其他的运动镜头类型）。第三，综合运动镜头画面的被拍摄物中可以产生节奏的变化，忽快忽慢，让观众能更加地感同身受。第四，综合运动镜头能在一个镜头画面中尽可能多地交代空间环境，使观众在最短的时间内对于整个影片发生的空间地点有所了解。

2）综合镜头的功能与作用

较于其他单一运动形式的运动镜头，综合运动镜头能表达更为复杂的情节和节奏，可以在单一运动镜头中完成节奏的切换。因此很多导演都喜欢使用综合运动镜头来达到"炫技"的效果，在获奖影片（欧洲三大电影节、奥斯卡奖）中尤其常见。

综合运动镜头的功能与作用主要表现在以下四个方面：第一，由于包含多种的运动形式，可以在一个镜头中表现一个场景相对完整的一段故事情节。第二，运动形式能更好地帮助导演完成叙事和剧情交代、推进。第三，由于综合运动镜头能使画面交代出复杂的元素和情节，有利于展现画面结构的层次和多意性。第四，由于综合运动镜头多是较长时间的镜头，所以可以与背景音乐有机地结合起来，形成特定的节奏，让画面和情节显得更和谐。

【案例】

电影《爱乐之城》（La La Land，2016）中影片开头用一个极长的综合运动镜头展示了大堵车的场景，并且在同一个镜头内将节奏越拉越快，将洛杉矶人的热情阳光都展现了出来，并且通过鲜艳的画面颜色定下整部影片的基调。

3）拍摄技巧

在升降镜头的拍摄过程中，我们需要掌握的技巧有：

首先，把握摄像机的高度和仰俯角度，适当的改变会给观众带来丰富的视觉感受，如

图 11-11　综合镜头

巧妙地利用则能增强空间深度的幻觉,产生高度感。

其次,掌握升降镜头的速度和节奏,可以创造性地表达一个情节的情调,展示事件的发展规律或处于场景中上下运动主体的主观情绪。

再次,除特殊情绪对画面的特殊要求外,镜头的运动应力求保持平稳。画面大幅度的倾斜摆动会产生种种不安和眩晕,破坏观众的观赏心情。

最后,要求摄录人员默契配合,协同动作,步调一致。比如升降机的控制:在移、跟拍摄过程中话筒线的注意等,如果稍有失误,都可能造成镜头运动不到位甚至绊倒摄像师等后果。越是复杂的场景,高质量的配合就越发显得重要。

11.3　其他镜头的拍摄

1. 长镜头

长镜头是指用一个比较长的镜头连续地对一个场景、一场戏进行拍摄,形成一个比较完整的镜头段落。

1)长镜头的含义与画面特点

长镜头必须是经过精心设计,且与影片浑然天成的,随着开机与关机的时间距增加,难度与成本也会成倍地增长,这需要片场的所有部门相互配合达到极致,也更加考验导演的场面调度能力。长镜头在影视叙事中的策略种类居多,纷繁复杂,从拍摄的角度来看可以分为:固定长镜头、景深长镜头、运动长镜头;从叙事策略来看可以分为:纪实长镜头、戏剧长镜头、隐喻长镜头、感知长镜头、抒情长镜头、时空长镜头。

长镜头一般指在一个统一的时空里不间断地展现一个完整的动作或事件的镜头。它的画面特点至少包含两个要素:一是时间,长镜头画面的展现放映时间约在30 s以上。二是空间,通过运用景深镜头或移动拍摄,在镜头中达到对一个相对完整的生活片段的电影化概括。

2)长镜头的功能与作用

长镜头的功能:创造完整的时空,使画外和画内两个空间连成整体,保证时间连续,空间完整;形成丰富的表意性,是对现实的尊重;让观众在习以为常和熟视无睹的现实面前,感到一种凝视的震惊;渲染烘托情绪和环境气氛;减少剪辑所造成的人为痕迹,形成质朴的风格特色;通过连续的画面增强观众的参与意识。

【案例】

《公民凯恩》中的一个长镜头片段可谓算是长镜头中的经典佳作了。画面中,下着大雪,小凯恩正在雪地上玩滑雪板。镜头拉开,小凯恩成为后景,前景是他的母亲,然后镜头后移,保持母亲与经纪人的前后景关系,直到在桌子旁边坐下讨论小凯恩的收养问题,这样的镜头持续了几分钟的时间,然后再经由母亲起身走向窗户,经纪人尾随其后,变成经纪人是前景,母亲成后景关系。这样一个连续的景深长镜头,就是由镜头的运动和演员的纵深调度构成的。接着是一个反切,母亲成前景,经纪人和孩子的父亲在后景,在随着演员的向左画框移动,摄像机在窗外作同步移动,演员调度到室外的雪景,母亲、经纪人和父亲来到小凯恩的面前,从而又构成一个室外的景深长镜头。

3)拍摄技巧

在拍摄长镜头的过程中有很多严格的要求:

首先,避免严格限定观众的知觉过程,它是一种潜在的表意形式,注重通过事物的常态和完整的动作揭示动机,保持透明和多义的真实。

其次,长镜头(镜头—段落)保证事件的时间进程受到尊重,景深镜头能够让观众看到现实空间的全貌和事物的实际联系。

最后,连续性拍摄的镜头—段落体现了现代电影的叙事原则,摒弃了戏剧的严格符合因果逻辑的省略手法,再现现实事物的自然流程,因而更有真实感。

正因为如此,长镜头拍摄的困难之处,也是我们应该掌握的技巧之处:

第一,导演的调度,调度是最困难的核心。一个长镜头往往需要大量的调度,人物调度、器材调度、灯光调度……这是一个巨大的工程。摄影机的轨道、斯坦尼康的操作、演员的走位、场景的合理设计,所有人员都要一步到位才能排出理想的长镜头。

第二,摄影的景别,一个真正的长镜头往往涉及好几个景别的平稳转换。不仅需要各个景别同时到位,还需要平滑的对焦和合理的布光,这是分开拍摄数倍的工作量。

第三,表演的连贯,长镜头放弃了正反打,蒙太奇……导演在镜头开始之后也不能喊cut。那么长时间的表演对演员的要求是非常高的,特别是衔接,精确的走位、体态、表情、台词等方方面面都要求分毫不差。

2. 空镜头

空镜头是指影片中展现自然景物、空间环境或是人物(与剧情无直接关系)的镜头。

1)空镜头的含义与画面特点

空镜头常用以介绍环境背景、交代时间空间、抒发人物情绪、推进故事情节、表达作者态度,具有说明、暗示、象征、隐喻等功能,在影片中能够产生借物喻情、见景生情、情景交融、渲染意境、烘托气氛、引起联想等艺术效果,在银幕的时空转换和调节影片节奏方面也有独特作用。

空镜头一般具有以下特点:

第一,空镜头画面展现一般分为场景展现和物体展现两种。

第二,描绘空间场景的空镜头画面结构多用远景或是全景这种大景别的镜头,描绘物体的空镜头画面结构一般会使用近景或是特写这种小景别的镜头。

第三,空镜头本身虽然不承担具体的叙事任务,但对整体的信息提供上有较大的帮助,能更好地帮助观众带入剧情。

2）空镜头的功能与作用

运动的空镜头作为一种特殊的运动镜头，并不承担叙事任务，但是能起到承上启下的作用，或者起到开启故事的作用，是几乎所有类型的影片中都会出现的镜头形式。

空镜头的功能与作用体现在以下六个方面：

第一，空镜头可以整体交代故事发生的空间环境，介绍环境概况。

第二，空镜头可以被用来作为转场镜头，完成银幕上的时空转换。

第三，通过空镜头中的景物或物体来抒发一定的情感，表达导演的主观想法。

第四，一定的空镜头可以加强影片的艺术表现力。

第五，可以使观众触景生情、烘托气氛或是推进情绪的递进。

第六，特殊的空镜头能起到一定的暗示、比喻、象征等作用。

【案例】

电影《费城故事》（Philadelphia）描绘场景的运动空镜（00：00：00 ～ 00：03：30）影片用一组展示费城城市状况的空镜开头。这一组空镜虽然不承担具体的叙事任务，但为影片的故事展开做了很好的铺垫作用。让观众了解到影片所讲述的同性恋律师维权事件发生的背景。

图 11-12　空镜头

3）拍摄技巧

在影视空镜头的拍摄过程当中，我们应该注意以下事项：第一，影片中空镜头不宜多。过多的空镜头会使画面内容结构混乱，不利于表现主题思想。第二，空镜头必须符合画面的叙事结构、情绪线索和逻辑关系，避免产生突兀感，引起视觉上的剧烈跳跃。第三，空镜头运用要注意简洁性。简洁并不是少用或不用而是指用其所需。运用空镜头应取决于具体的环境与气氛，应该同影片的整体结构联系起来。该用的不吝惜使用，不该用的决不应有半帧浪费。第四，空镜头切忌雷同、千篇一律。影视作品中很多东西都能成为空镜头的表现素材，空镜头的运用要有新意，不落俗套，不人云亦云。

思考与练习

一、简答题

1. 如何拍摄固定画面？

2. 结合你的拍摄实践说明如何拍摄好推镜头？

3. 结合你的拍摄实践说明如何拍摄好拉镜头？

4. 结合你的拍摄实践说明如何拍摄好摇镜头？

5. 结合你的拍摄实践说明如何拍摄好跟镜头？

6. 结合你的拍摄实践说明如何拍摄好升降镜头？

7. 结合你的拍摄实践说明如何拍摄好综合运动镜头？

二、名词解释

1. 固定镜头

2. 推镜头

3. 拉镜头

4. 摇镜头

5. 移镜头

6. 跟镜头

7. 甩镜头

8. 升降镜头

9. 综合运动镜头

10. 长镜头

11. 空镜头

三、实践题

策划一个小短片，综合运用固定镜头和各种运动镜头拍摄。

第12章

摄像布光

摄像布光是利用各种照明设备,运用人工照明方法,按照明光线的不同造型效果,对被摄物体布置不同距离、方位、高度以及不同强弱性质的灯光,从而增强被摄物体的立体感、质感、纵深感与艺术感,形成各种艺术效果。布光必须要遵循自然光的照射规律,符合人们的生活习惯和视觉心理。本书第五章中介绍了摄影中的三点布光方法,摄像中的三点布光和摄影的三点布光基本差不多,这里不再赘述。本章主要介绍摄像中的区域布光和连续动态布光。

12.1　区域布光

为了满足拍摄的需要、达到预期的拍摄效果,要从理论和实践的结合上重点处理好五个基本点,即区域布光的五个程序。

1. 明确布光的目的性

布光要有的放矢,摄影布光时,要根据影像师对画面的景调、明暗、色调等期望来进行布光。而摄像布光时,则要依据编导对节目的要求和摄像镜头组接的需要来调整灯光的布设。

2. 注重灯光的效果性

布光时既要烘托画面气氛,更要在色光及情调上与拍摄目的的要求相一致。

3. 检查布设灯具的合理性

布光时灯具的位置、角度、方向、亮度都要有利于反映被摄景物的真实感。光源、灯具的选择都要为最终的拍摄目的服务,在达到预期拍摄效果的前提下,使用的灯光设备越少越好。在光源、灯具有限的情况下,更要注意布设灯具的合理性,从而实现最佳的拍摄效果。

4. 遵守布光的顺序性

布光要有一定的顺序,先布什么光,后布什么光,心中要有数,还要避免光线之间的相互干扰。布光中的具体程序是由拍摄场面的大小来决定的。

(1)大场面布光程序。大场面一般先布场景光,后布背景光,再布主体光。此时,要求背景光能反映出布景的三维空间。主体光首先布置主光,确立主体的初步造型;然后配以辅光弥补主光不足之处,改进未被主光照亮部分的造型。为了区分主体与背景,增强画面的空间感,可用轮廓光照明。如果主体的局部细节造型不理想或与整体不协调,可使用装饰光来加强整体造型与美感。各种光线应与主光和谐一致。如果主体活动范围大,可以用两盏以上的灯做主光、辅光或轮廓光,但要注意光线的衔接,避免相互之间产生影响。

(2)小场面布光程序。小场面一般先布主体光,后布背景光。因为小场面的主体与背景距离比较近,如果先布背景光再布主体光,主光和辅光会投射在背景上,影响原来布好的背景光。所以小场面要先布主体光,然后根据主体光投射在背景上的范围大小和光亮程度,再布背景光。布光还要根据主体是人还是物、个体还是群体、静态还是动态等具体情况,考虑最佳的布光方案。

5. 检查用光的完整性

在布光完成后,要先进行试拍,在相机或监视器上观察实际拍摄效果,并根据试拍的表现效果对现场的布光进行调整,以避免或消除阴影、景物遮光、光线交叉重叠、阴影区人为扩大等效果的产生和出现。

当然,布光的具体程序并不是一成不变的,我们不应墨守成规、自我束缚,要在实践中积累经验、开拓创新,有创造性、更好更快地布光。

12.2 连续动态布光

连续动态布光是按照被摄体活动的路线、环境以及在每一相对位置的活动范围利用三点布光法进行连续布光,使被摄体的运动方向发生变化时,主光、辅光和轮廓光的方向不变,保持同样的光线造型效果。

根据拍摄的需要,以及实际运用中的观察和总结,被摄物的运动路线主要有横向运动、纵向运动和不定向运动。

1. 横向运动

起幅时,人物首先处于静止状态A点,开始边走边说,人物的运动方向和摄像机的摄轴线基本垂直,摄像机的移动方向和人物的运动方向基本一致,人物运动到B点停止走动,此时B点为摄像落幅位置。A、B两点可以采用分别重点布光:采用主光、辅光和轮廓光对A、B两点分别进行三点式布光,介于A、B两点间的区域则由其他漫射光来起衔接作用,使两点间的照明自然过渡。如果A、B两点之间的距离过远,漫射光线衔接效果不理想,则可以通过增加辅助光的方式来调整;如果还不能满足拍摄要求,则可以在A、B两点间增加一点进行单独布光。总之,区域之间的过渡要自然,保证自始至终光照效果基本一致。如图12-1所示。

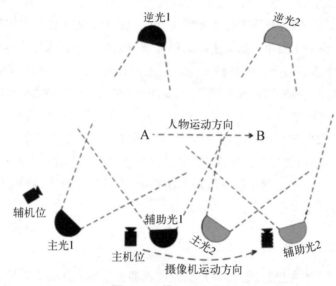

图12-1　横向运动布光

2. 纵向运动

纵向运动的布光方法还是以三点式布光为基本手段,对A、B两点分别进行单独布光,所不同的是人物的运动轨迹与摄像机的摄轴线以及摄像机的运动方向基本平行,均为纵向运动。A、B两点的过渡照明仍以辅光和其他漫射光为主。如图12-2所示。

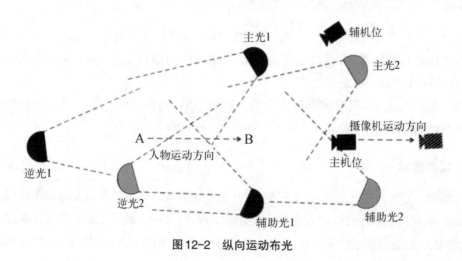

图12-2　纵向运动布光

3. 不定向运动

1）被摄物不定向运动

这里被摄物的不定向运动，是说人物的运动不一定是横向也不一定是纵向，有可能是斜着向前，也有可能在运动中会转身，拍摄时可能用到大摇臂以及游机，这就需要人物的各个角度的照度都能满足拍摄需求。有些娱乐节目的演播厅表演区，面积有几百平方米之多，而且是开放式舞台，加上多机位拍摄，这就更需要全方位的布光，主光和逆光要分层次布光，比如有两三道逆光和两三道面光，舞台的两边加上适当的辅光，防止照明死角的出现，增加的辅光作为舞台两边的底光，此时不需要考虑舞台中央，因为除舞台两边以外，都会有大量的漫射光。

布光时主光和轮廓光的光比控制在 1 ∶ 1 为最佳，因为人物转身和运动中，多机位、游机、大摇臂在拍摄时，有时候主光可能会变成了轮廓光，而轮廓光则变成了主光。

2）摄像机不定向运动

摄像机运动时的布光，可用活动灯具移动照明，例如用摄像机的机头灯或手提新闻灯，随着摄像机运动而不断地调整照明的方位、高度和亮度平衡。摄像机运动布光是摄像中常用的方法，要求灯光师与摄像师密切配合，熟悉人物活动的路线和范围、摄像机使用的镜头与景别、摄像机本身运动的方向和目的、所表现的内容和人物的情感，从而使照明效果能够前后一致、连续，并且符合预期的拍摄效果。例如固定主光，随着摄像机运动平稳地移动辅光，移动的辅光要与移拍的被摄物的距离保持不变，才能使前后画面的亮度保持一致。

思考与练习

一、简答题

1. 简述区域布光的程序。

2. 简述动态连续布光的程序。

二、实践题

拍摄一则基于连续动态布光的视频。

第13章
摄像画面构图

画面构图是摄像人员拍摄电视画面的一个重要环节,在画面的创作中起着至关重要的作用。一个具有良好构图的作品能带给人美好的享受,更能体现作品的主题思想。同时,构图能力也是检验摄像人员业务水平的重要标志之一。那么,摄像构图有哪些形式呢?它有哪些特色?影响画面的视觉元素又有哪些?这些都是本章所要讨论的内容。

 ## 13.1 摄像构图的特色

什么是摄像构图?广义上是指摄像师从选材、构思到造型体现的创作过程,概括了从内容到形式的全部组合。狭义上则是指画面的布局与构成,即在一定的画幅格式中筛选对象、组织对象、处理好对象的方位、运动方向,以及线条、色调等造型因素。它的根本意义在于积极主动地调度观众的视线,引导观众该看什么,不该看什么。因此摄像构图要从观众的角度出发,组织好各种画面的构成,以取得最佳的视觉效果。这就要求摄像人员选择提炼、精心布局各种造型因素,突出主要方面,强调本质的东西,从而明确而动人地表现主题思想。而这个寻找和安排的过程特点是:

1. 变化运动性

运动是电视画面最重要的特性。电视画面虽然有静态构图和动态构图之分,但严格地来讲几乎没有静态可言。在摄像中,一方面,光线、色彩、线条、影调等造型因素在拍摄过程中会出现各种变化;另一方面,被摄对象总是处于一种运动状态中,而摄像机又总是要随被摄对象的运动而运动。这些都要改变着被摄主要对象在画面中的位置、被摄主要对象与其他拍摄对象的位置关系,改变着被摄对象的情绪和心理,改变着画面的情节重点和画面的气氛,也改变着画面构图的结构和画面中的透视关系,形成了一种多维性。

2. 多点固定性

摄像中,摄像机随被摄对象的运动而运动,形成了在拍摄过程中方位、角度、景别的不断变化,也就造成了多视点、多角度、多方位地表现被摄对象的形式。这些都是在一个固定框架中表现出来的,它不能像绘画一样随意框定画幅的大小,而框架的长宽比例目前大多是4：3或16：9。画幅的固定,使得摄像构图的画幅也必须是恒定的。

3. 简洁明确性

这一特点是由电视画面的时限决定的。摄像不同于摄影照片可以不受时间限制而反复观看,它是通过荧屏放映的形式观赏,这种方式受时间的制约。每个镜头画面,不管是长镜头还是短镜头,展现的时间都是有限的。时间的局限,决定了画面的容量必须少而精。画面内容如面面俱到,不能精炼集中,观众就会看不清、看不全。长时间的大全景固定画面则会令人生厌,破坏艺术美感。这一情况最好的解决办法就是采用分镜头的方式,或用运动摄影方式来表现丰富的内容。具体就是用不同景别的画面构图分别表现各种不同景物和环境,每个镜头各自注重突出单一内容,然后组接成完整的作品。各个不同景别的画面都是表现局部,突出的都是单项内容,但相互补充就会成为整体形象。

4. 现场处理性

被摄主体的安排、组织、调度的改变,只能是在镜头前现场完成。影视画面的构图,无法像绘画那样可以修改或者重画,特别是纪录性的镜头,不会有同样的重复性,这是载体的物质材料特性决定的。这就要求摄影师在拍摄之前对有关构图形式风格及许多细节问题,有一个明确的设计要求。

5. 整体一次性

摄像中表现某一主题思想需要两个以上甚至是几十个画面镜头完成,一幅视频画面所表达的内容往往是上一幅画面的延续,或是向下一幅画面发展,即每一幅画面发挥承前启后的作用,这就要求一系列视频画面组接起来后,前后构图连贯合理、形成一个整体。

 13.2　摄像构图的形式

在摄像中,由镜头与被摄对象之间的动静变化及取景构图所产生的画面结构,形成各种构图形式。本节侧重从画面构图的两种不同分类来阐述摄像构图的形式。

1. 动态构图与静态构图

根据画面构图的内在性质的不同,我们可以将其分为静态构图和静态构图。

1）静态构图

静态构图就是用固定摄像的方法，表现相对静止的对象和运动对象暂处的静止状态。静态构图与绘画、照片构图的不同之处在于其可以表现其时间过程，并且不像照片那样可以表现动势。静态构图是观者的视点、视线处于固定的情况下看清对象的一种心理体现。在一般情况下，构成静态构图的基本条件是：

（1）摄像机和被摄对象都不做空间位移，对象在画幅上下左右前后的位置基本不变；

（2）在拍摄过程中景别不变，即焦距固定；

（3）构图结构不变。

静态构图在表现造型上有以下表现特点：

（1）可以比较鲜明、清晰地表现对象尤其是主体的形象。在静态构图中，观众是以固定的视角去观察事物的，这有利于展示静止对象的性质、形状、体积、规模、空间位置，善于展示人和生物的神志、情绪和心态。

（2）能清晰地展现对象之间的空间距离。在静态构图中，对象都相对不动，这样主、陪体关系表现得比较明显，这种特性使得静态构图天然地具有一种适合于介绍或交代对象间方位关系的表现特长。并且从空间距离的保持和改变过程中，能体现出情感关系的变化。

（3）适合于表现静态美，营造恬静的氛围。动和静是生活中的两种基本状态，动有动的美，静有静的美。静态构图可以生动地展示事物所具有的静态美，除此之外，它在营造恬静氛围，表现沉思、沉浸、沉静时也具有一些特殊的作用。

（4）使前景和背景具有更强的表现作用。在静态构图中，由于对象基本不动，观众的注意力会长时间集中在前景和背景上，这使得前景和背景具有极强的穿透力和表现力。如果想要突出强调画面中前景或背景，我们可以选择静态构图方式。

（5）表现对比、象征、写意等表现性内容。对比和象征等表现手法往往是利用对象所具有的某种性质及特点来传递内容、表达思想的，这种通过比较、联想方式传递信息的画面只有在稳定、适于注意的前提下才容易达到理想的效果。

（6）具有独立的表述特性。电视画面是一种以形象为基础、视听兼备的语言表达体系。在这个体系中，静态构图往往具有独立的性质，即它能以独立的单元机构存在于一个影片中。静态构图的这种特性使它独立承担表现任务的功能。

2）动态构图

动态构图是摄像所特有的构图方式，它使得被摄对象与镜头同时或分别处于运动状态，使得画面内容视觉形象的构图组合及相互关系连续或间断地发生变化。对于摄像来说，动态来自拍摄对象的运动或镜头自身的运动两个方面，由这两个因素形成了三种不同的动态构图形式：

（1）摄像机不动（不摇、不移、不推、不拉），只是被摄对象在动；

（2）摄像机动，被摄对象静止；

（3）摄像机和被摄对象同时在动。

动态构图具有以下表现特点：

（1）动态构图引起的组合变化带给观众更多的视觉信息与视觉感受，可以传递丰富的信息，在一个镜头中表现复杂的含义，产生复杂的心理暗示。当然，要想取得这种效果必须结合具体的内容，同时要与静态构图很好地配合起来，才能真正体现动态构图的这种优势。一般来说，运用动态构图可以制造紧张、热烈、欢快、不安、动荡等多种情绪气氛。

（2）在画面表现形式上，运动使物体之间、镜头之间产生更多的联系。动态构图对被摄体的表现往往不是开门见山、一览无余，有一个逐次展现的过程，其完整的视觉形象靠视觉积累形成，这样会使画面更具有联系性和连贯性。

（3）动态构图中，有时候不仅仅是画面所有的造型元素都在变化中，与此同时，在同一画面里，主体与陪体、主体和环境之间的关系也是可以改变的，有时以人物为主，有时以环境为主，主体可变为陪体，陪体可变成主体。

（4）动态构图由于画面的内、外部运动形成画面节奏，并使观众产生相应的心理节奏，从而起到强化人物动作，调整观众的情绪的目的，具有一定的指向作用。由于具有现场一次性的特点，它会表现出明确的现场感和真实感，因此也是纪实类节目常用的表现手法。

2. 封闭式构图与开放式构图

对于画框的认识，人们存在两种不同的美学态度，即封闭式构图和开放式构图。

1）封闭式构图

封闭式构图的心理基础主要源于传统的构图观念。用框架去截取生活中的形象，并运用空间角度、光线、镜头等手段重新组合框架内部的新秩序时，我们就把这种构图方式称为封闭式构图。这种构图方式比较适合于要求和谐、严谨等具有美感的抒情性风光、静物的拍摄题材，对于一些表达严肃、庄重、优美、平静、稳健等感情色彩的人物、生活场面，用内向的、严谨的、均衡的封闭式构图也是有利的。

封闭式构图具有以下特点：

（1）封闭式构图一般讲究画面完整性。封闭式构图的画内空间即是画面的全部表意空间，画面反映的元素通过直观的视觉形象全部呈现给欣赏者，因此力求完整是画面布局的基本原则。也就是说，封闭式构图不只表现主题的某一局部，而是将被摄主体完整的形象展现在画面中，它要求对事物进行完整、充分的反映，同时对事物的运动和联系交代清楚、明确，画面整体的表意完整、清晰、准确。

（2）封闭式构图有明确的视觉中心。在封闭式构图中，它想要强调的主体一般是画面的视觉中心或黄金分割位置，以此来突出主体，深化主题，吸引观众的注意力。封闭式构图对主体的处理习惯于把主体处理在几何中心或趣味中心，形成一种完整感。

（3）封闭式构图的画内空间是平衡的。一般来说，封闭式构图形式的画面往往具有比较严格的结构中心和内容中心，主体和其他结构元素的形象清晰、明确，画面内的结构元素之间相互呼应,与画面表达的主题有直接的、必然的联系,画面形式完整、严谨、统一、和谐,秩序有条不紊,在视觉和心理上都处于相对平衡的状态。

(4)封闭式构图的画内空间相对独立。封闭式构图形式画面的画内空间与画外空间没有必然的联系,画面全部的内涵和情感都蕴含于画面所体现的视觉形象中,欣赏者的注意力完全集中到了画内空间,创作者在画面中组织安排了什么,欣赏者就会产生某种特定的感受。因此,封闭式构图形式画面的画框给人感觉清晰、明显、视觉重量较大,欣赏者能够强烈地感受到画面是经过创作者选择和刻意构筑的。

2)开放式构图

开放式构图是一种可以激发观看者想象力并扩展审美观念的构图方法,基本上是利用画面内表现出来的张力与趋势,让观看者在画面内不能完整地看到主体和趋向的目标,从而朝着画面外想象,让似乎不完整的画面内的内容与观看者的想象力组合构成一个完整的作品。

开放式构图具有如下特点:

(1)开放式构图不像封闭式构图把主体安排在视觉中心,它的构图并不严谨,只要内容需要,可以将其安排在画面的任意位置。也就是说,开放式构图常常把主体处理在非视觉中心和非黄金分割位置,表现出一种明显的反传统倾向。

(2)不讲究画面的均衡与严谨,画面内的形象元素也不再要求完整表达,甚至有意排斥一些或许更能完整说明画面的其他元素,在画面周围留下被切割的不完整形象,特别在近景、特写中进行大胆的不同于常规的切角处理,被切掉的那一部分自然也就留下了悬念,观众透过那些不确定性因素,来获得更大的想象空间。

(3)开放式构图的表意空间不仅包括画内空间,还包括画外空间。画面上和人物视线行为和落点常常在画面之外,暗示与画面外的某些事物有着呼应和联系。也就是说,画里画外产生了某种微妙的联系,人们看到的不仅仅是显示在屏幕中的画面,而是在头脑中产生了更大、更广阔的画面。

(4)显示出某种随意性,各种构成因素有一种散乱而漫不经心的感觉,似乎是随时随地没有准备的拍摄,尽管会略显杂乱,但更具有现场的真实感。观众由被动的接受转化为主动的思考,是对观众的创造力、想象力和参与能力的充分信任。开放式构图适合于表现动作、情节、生活场景为主的题材内容,尤其在新闻摄影、纪实摄影中更能发挥其长处。

13.3　影视画面的视觉元素

1. 光线

光线是影像构图的基础和灵魂,没有了它,构图也就无从谈起。光线在摄像曝光、艺术造型、表现与渲染环境气氛以及表现质感、实感等方面都具有决定性功能;光线是在二维空间的画面中获得三维空间最基本的因素和条件。在构图中就是要充分调动艺术手段来巧妙地运用光线获得良好效果,表现作品主题,表达作品的思想内容,增强作品的艺术感染力。

2. 影调

影调指画面的明暗层次、虚实对比和色彩的色相明暗等之间的关系,是烘托气氛、表达情感、反映主题的重要手段。通过这些关系,欣赏者可以感受到光的流动与变化。人们可以利用黑白灰影调来塑造和突出主题,亮暗影调的对比可以突出主题和背景的关系;也可以利用空气介质的不同,来体现不同透视感觉的影调,形成一种饱和与不饱和的空间对比。不同的影调对比会引起观众在视觉和情绪上的不同反应,高调显得单纯明快,低调显得忧郁神秘,从而达到不同的情绪渲染效果。

3. 色彩

作为画面的重要构图元素之一,色彩也在构图中起着举足轻重的作用。色彩可以刺激人们的视觉感受,影响人们的情绪,表达思想情感。为了更好地烘托气氛、突出主题,塑造人物的思想感情,如何选择和应用色彩是我们必不可少的探讨话题。

1)色彩的性质

色彩三要素包括色相、明度和饱和度。色相是色彩的最基本特性,是色与色之间的差别。通俗地讲,就是红、橙、黄、绿、青、蓝、紫等各种不同的颜色。明度是指颜色的明亮程度。在色彩中,黄色明度最高,紫色最低,其他颜色属于中性。饱和度又称纯度,是指颜色的纯正程度,受色彩的含量和光照两方面影响。

2)人们对色彩的感觉

由于人们生活在色彩的世界,任何一种色彩都能影响人们的情绪,从而引发人们的视觉和心理感受的效应,给人以某种感受。根据人们的生理和心理方面的特性,色彩对人们的影响包括两个方面:一是色彩的视觉效果,二是色彩的心理作用。了解色彩的感受,对于表现色彩有重要的作用。

(1)色彩的视觉心理。人们看到不同的色彩往往会产生不同的感受,从而引发不同的心理反应,杂乱的色彩会让人心烦意乱,和谐的色彩则会使人心旷神怡。一般而言,红色、橙色和黄色能给人温暖的感觉,而青色、蓝色、紫色则会让人感觉到寒冷。红、绿、蓝三基色在人的视觉反映和心理联想上分别诱发了基本暖色、中间色、基本冷色的感觉。形象地说,红色总是与人们生活中的朝阳、火焰、热血等相联系的,它是温暖的;蓝色常会令人联想到月夜、寒天、冰冷等,它是清冷的;而绿色是生命之色,是协调的,既不偏暖也不偏冷,在不同的环境中可以起到不同的作用。

(2)色彩的感情倾向。色彩左右着人的情绪,影响着人的情感。相比色彩的视觉心理,色彩的感情倾向则更丰富一些,它是人脑的一种逻辑性与形象性相互作用、富有创造性的思维活动过程。色彩的感情倾向会受到很多因素的影响,既有色彩本身的作用,也有历史文化、民族信仰、生活环境、时代背景以及生活经历等外在因素的作用。所以,同一色彩对不同的人可能会引起不同的情绪反应和审美判断。尽管如此,大多数人对色彩的感情倾向还是存在共性的。如表13-1所示。

表13-1 常见色彩的情感内涵

颜 色	具 体 联 想	抽 象 情 感
红色	太阳、火焰、热血	热情、革命、兴奋、权势、力量、愤怒、色情
黄色	土地、秋天、阳光	收货、欢乐、希望、明快、悦耳、成熟、稳重
绿色	春天、树叶、草坪	生命、安全、和平、清雅、生机盎然、恬静
蓝色	苍穹、大海、夜色	理想、冷漠、忧郁、深远、平静、无限的空间
黑色	夜晚、葬礼、煤矿	死亡、痛苦、沉重、悲哀、诡秘、恐怖、凝重
白色	冰雪、鸽子、护士	神圣、和平、宁静、优雅、纯洁、洁净、高尚
灰色	乌云、老鼠、灰烬	压抑、绝望、阴森、消沉、阴暗、暧昧

上表所提到的感情色彩倾向并非是一成不变的,我们在进行画面的色彩构图时必须结合具体的生活场景、表现对象及主题内容来区别对待,随机应变。

3)色彩的对比

色彩之间的相互对比和相互烘托是色彩感染力的重要表现手法,通过对比色的衬托会使主色更加强烈、鲜明,同时使整个画面色彩丰富、和谐悦目,产生富于变化且带有韵律感的画面。

色彩的对比主要包括不同颜色的对比、不同明暗的对比、纯度差别的对比、冷暖色调的对比以及色彩面积大小的对比,合理地利用色彩的对比有利于表现画面的主题与内涵,赋予作品更强的表现力和视觉感染力。

4. 线条

线条是画面的骨架,可以勾勒画面的主题形象,表现出不同的质感、空间感,形成不同的节奏和意境。它是由光的作用形成的各种物体的轮廓,也可以是不同影调的分界线,甚至是虚拟的,人们联想出来的模糊的线条。线条对构图的影响源于人们的生活经验和审美效果的积累。它是形成画面透视的主要元素,不同的线条形式和方向会产生不同的视觉感受。

(1)横线结构。横线能引导视线向左右两端延伸,在画面中表现出一种宽广、宁静、开阔的境界,常用于表现地平面、海平面等。同时,水平线给人一种距离较冷漠的感觉,并且因为横线相对来说缺乏动感,所以也能产生安宁与和平之感。但单一的横线容易割裂整个画面,因此在构图时不宜使横线从中心穿过,一般可向上或者向下移动来避开中心位置,或者在横线中心安排一个事物使横线断开。

(2)垂线结构。在我们印象中,所有垂直的物体相对来说都比较有力、牢固,可以促使视线向上下移动,造成耸立、高大、挺拔的印象。所以,垂直线条给人的印象是坚毅、有力,给人以高大、巍峨之感,常用于表现树木、建筑、森林等。垂线构图比横线构图更富于变化,拍摄出的照片可以表现出强烈的意志。同时,通过其深度感和具体事物的气氛突出人物的精神面貌和场景的巍峨气势。但单一的垂线也存在不足,在实际拍摄中常使用多线结构,利用对称排列的透视手法使主体醒目,主题突出。

(3)斜线结构。斜线一般指上升或下降的,有变化的坡形线条,它具有运动的趋势,适于表现运动的物体。它有较强的视线引向作用,引导观众的视线到达主体,从而突出主体。它具有较强的透视感,可增强画面的纵深感。

(4)曲线结构。曲线是富有自然美的、情感浓郁的、造型能力强的线条,在选择景物的曲线时,只有善于发现和提炼,因势利导,曲线才具有艺术的价值。曲线在生活中极富表现力,象征着柔美、浪漫、优雅,给人自然、柔和、流畅的感觉,通常用于表现风光、建筑、道路以及河流等,形式丰富,有S形、弧形、圆形和C字形等。

 **思考与练习**

一、简答题

1. 什么是摄像构图?它的特点有哪些?

2. 摄像构图的形式有哪些?简述每种构图形式及其特点。

3. 在摄像构图中,影响构图的画面因素有哪些?

二、名词解释

1. 摄像构图

2. 影调

三、实践题

灵活运用本章所述构图的相关知识,拍摄一段不少于5分钟的视频。

第14章

静态摄像

静态场景是指画面所要表现的主题处于相对静止状态的场景,相对静止,不是完全不动,只是没有显在的位移。静态场景可以运用固定镜头拍摄,也可以运用运动镜头拍摄。而在拍摄实践中,许多时候为了避免静态场景的单调乏味,更多的是运用运动镜头来拍摄。本章将分别从新闻摄像和虚构摄像两个层面来讨论静态摄像的问题。

 14.1　会场的拍摄

会场是日常生活中最容易碰到的静态拍摄场景,与会场比较接近的场景有课堂、座谈、讨论、候车等。这些场景的拍摄方法和技术处理都比较相近。

1. 会场的新闻摄像

1)会场摄像的"通则"

无论是室内会场还是室外会场,新闻拍摄者必须如实地记录下会议议程、出席会议的领导、重要来宾、主要与会人员以及会议上表彰先进、通过决议等过程性画面。如果会议安排主要领导者或重要来宾最后发言,拍摄者必须一直坚持到会议结束。

相对来说,会场拍摄技术问题不多,拍摄方法也比较简单。同拍摄技术相比,非技术因素可能更值得注意,尤其对于刚刚从事摄像采访工作的人员来说,更是如此。

会场拍摄时需要特别注意的细节有:

(1)第一个画面一般会在会场中后方拍摄带会标的大镜头,然后自然走到主席台前拍摄主席台就座人员和会议主持人的画面。

(2)拍摄会场大镜头时要注意尽量避开通向主席台的走道或分割观众的通道,必要时可以稍微站偏一些,会标仍然置于正中位置,一般也不会引起非议。

(3)拍摄与会领导要注意景别和时间长度的匹配;主要领导的讲话镜头一定要给大给足。给大,就是景别要小些;给足,就是时间要长些;其他与会领导和重要来宾不能漏拍，如果没必要或不可能给他们单人镜头，就从中间部位向两边摇拍或拉拍，拍摄时要注意不能在某位或某些领导、来宾身上重复摇或拉；要特别注意会议进行之中又来领导的特殊情况发生，一旦出现这种情况，就要补拍该领导画面，而且已经拍好的领导镜头可能也需要重新拍摄。

（4）观众镜头要拍够，一般要能保证报道时不必重复使用画面；拍摄时要注意景别的变化，注意捕捉情绪比较饱满、注意力比较集中的观众画面；拍摄观众不必考虑越轴问题，可以在走道上向两边同时交叉拍摄，这样的画面可以直接串在一起作后期贴画面用。由于电视观众的阅读电视和理解电视的能力都已经提高了，没人会觉得这些观众是在不同方向张望，都知道他们是向主席台看呢。尽量避免拍摄注意力不够集中的观众画面。

（5）如果会议比较重要，对会议的报道可能会比较长，拍摄观众镜头时可以多拍一些普通观众的慢拉镜头，但是不能只从一边拉，最好是按照奇偶数排分别从两边拉拍，这样画面对接起来会感觉舒服一些；中央电视台每年的"两会"报道就经常这样处理。

（6）一般情况下，会议拍摄时采用正常平摄角度，不用仰拍，也不用俯拍（从主席台拍摄观众大场面时除外）；也不用超广角，以免人像变形；可用长焦远摄富于表现力的观众表情神态或行为，也可以用长焦压缩空间距离，形成形式感较强的空间透视画面。会议拍摄一般不用大特写，除非要特别强调某个人物或某些细节。

2）会场摄像特别提示

在室内会场拍摄时，要注意：

（1）室内会场最大的优势在于会议比较有序，偶然的干扰因素比较少，拍摄时基本可以在一种比较放松的心境下进行。但是室内会场很可能照度不均，拍摄时要注意随时调整光圈；尤其是主席台和观众席的光照度可能相差比较大，要考虑给观众画面补光，最方便的方法是采用新闻灯照明。

（2）室内光源还可能不是统一色光，这就需要随时调节白平衡；如果色光比较乱，可以用新闻灯强制统一成同一光线色别，拍摄时都打开新闻灯，这样既有利于白平衡调节，又有利于画面光线度的一致。

（3）很多时候室内会场都有比较敞亮宽大的窗户，这样整个会场显得亮堂不少。但这给拍摄带来了麻烦，因为大量室外光线的涌入，使得室内光线条件变得复杂，离窗户近和远的与会人员的肤色、衣服颜色与质感都会受到一定的影响、干扰。可以尝试的办法是：在征得会议组织者的同意和帮助下，暂时拉上窗帘，最大限度阻止室外光线的涌入；或者采用较大功率新闻灯，将窗口边人员的室外光盖住，不过这样一来，为了保持统一的色温和光效，其他人员的拍摄也要打灯了。

在室外会场拍摄时，要注意：

（1）一般情况下，室外会场举办的大都是比较大型的会议，与会人员数量比较多，整体气氛可能会被渲染得比较强烈。室外会场相对于室内会场光线比较充足，并且照度也比较平均。但是室外会场也有它的不利条件，就是室外会场容易受到天气变化的影响，所以要注意天气的突然变化,根据光线的变化情况随时调整滤色片和白平衡,以此来保证拍摄全过程的色调一致,同时要注意避免把风的干扰拍进画面,比如被风吹得乱飘的大气球、观众的乱发等,这些画面可能会给会议内容的传播带来一些负面影响,但是在一些特殊情况下它也能很好地体现出情势的危机感,如抗震救灾活动等。

(2)在拍摄室外会场时,如果条件允许的话,可以把周遭的环境也拍摄进来,如举行某些庆典性的活动等。通过对现场环境进行介绍,可以起到烘托气氛、增加感染力的效果。

2. 会场的虚构摄像

虚构摄像是指通过拍摄者/导演的主观意识进行创作的一种摄像活动。像电视剧这种摄像,它不像新闻摄像那样需要特别强的客观性,更多的是需要主观的意识从而使这类节目更好地传递出它所要表现的情感,并且在摄像的过程中人为的干预因素也是很多的,比如摄像角度的不同表现出不同的情感等,这种拍摄能够很好地调动工作人员的积极性,并且使机器的性能得到最大限度的发挥。

1)光的表现力

电视之所以能够称之为艺术,很大程度得益于暗部和阴影,在电影电视技术发展初期,摄像者进行拍摄时一般都采用全方位的照明和布光,这种让观众能够清楚地看清画面的每一个角落的表现方式,几乎没有什么艺术性可言,也没有什么表现力。随着影视艺术的发展,很多导演越来越重视光线的运用和表现力。会场场景的虚构摄像,虽然比较注重自然光效,但是如果合理地利用光线的配置、角度等,也是能够很好地发挥光的表现力的。比如:在拍摄密谋的场景时,可以适当地调低整个会场的亮度,让人们在心理上产生一种压抑感;反之,如果调高整个会场的亮度就会给人希望的感觉。

2)拍摄角度和运动

会场虚构摄像要考虑拍摄角度问题,因为虚构摄像更多的是反映拍摄者的主观意识,带有更强的艺术性。但是值得注意的是不是只有仰拍和俯拍才会有艺术表现力,在影视作品中有些时候形式感本身也会具有美的表现力。比如:通过用长焦距镜头进行平摄,使画面呈现整齐、叠加的效果。这种是正常时候人眼看不出来的,只有经过镜头的处理才能够在画面上展现出来,从而使画面带有很强的艺术感。会场一般是相对静止的,所以为了尽量避免这种静止带给观众的单调感觉,在虚构摄像中可以采用甩镜头来传递特殊的表达效果;移镜头也可以用来表现会场的周边环境,从而给观众营造一种流动感和过程感等。

3)过程分切

在影视创作中,过程行为表现是既讲究又十分繁杂的事情。即便是普通的会议,由于发言者所说的内容不一样,观众表现出的反应也应不一样,这种刺激和反应过程的对应性要求就是创作人认真、仔细的最好体现。在会议新闻报道中,电视观众对于这样的对应性的要求就不是很高,也就是说,观众的主要注意力都放在了会议传播出来的信息上了,而没有放在会议现场的观众身上。如果在虚构类的节目中，这种反应就要必须得到体现。

过程的分切拍摄其实并不是很复杂，只要按照剧本分镜拍摄即可，但事实上也并不是如此简单。虚构摄像要求画面更加具有丰富性与表现性，人物的精神状态、表情、动作等一定要到位，这也就要求演员的表演要到位，如若导演不满意，就要一次次地重新拍摄。比如拍摄围坐在餐桌边吃饭的场景就会比较麻烦，这时分切镜头的拍摄就会进行多次重拍，导演思考的问题是，这些拍摄可以的镜头与后期连接之后，应该给人的印象：随着进餐的继续，桌上、碗里的饭菜会越来越少，如果饭菜的变化不是很大或者一会多一会少，那么说明分切拍摄的失败，也就是所谓的"穿帮"镜头了。

如果没有用作参照的事物，过程分切不会很困难；一旦有了参照物，过程分切就要很仔细。例如，在清晨或黄昏时候，天色渐渐地变化了，吃东西时食物的多少等等，都是要特别留意的。

 ## 14.2 人物的拍摄

1. 单人的新闻摄像

人物新闻拍摄，应该予以注意的问题大致有以下几个：

1）与被拍摄者的交流和沟通

一般人物摄像多是近距离的拍摄，在拍之前，一定要和被拍摄的人进行详细的交流和沟通，例如拍摄的目的，拍摄的时候应注意哪些事项、选择拍摄的背景以及环境等问题，这样可以让拍摄者知道该如何回答，这样做不但可以缓解拍摄者的紧张情绪，还能保证拍摄活动的顺利进行，而且在了解到更多的情况之后，拍摄者本身也可以提出好的建议。良好的交流与沟通是拍摄活动能够顺利完成的前提，当然要排除有特殊目的的拍摄活动。

2）拍摄角度、方向和景别

人物新闻的拍摄大多不会运用感情相对明显的仰摄或俯摄，一般用平摄进行拍摄。一般节目中，对人物拍摄会拍正面，这样方便观众看得清楚明白，人物的表情和神态也能得到充分展现；在新闻专题的节目中、人物专栏节目中，为了达到人物更好的精神风貌和气质，多数是采用侧面拍摄，但不会是正侧面，而是人物的前侧方，这种拍摄方向更能利于人物的刻画与表现。在特殊情况下，例如被拍摄者需要被保护，这时会在被拍摄者的背面进行拍摄，是通过被拍摄者的声音来说明问题。

静态单人的拍摄画面，内容相对单薄，这样拍摄时景别的变化就成了必要的技术因素了。如果景别的变化很少或小，对后期的编辑画面就很棘手了，因为景别相近、构图也相近的画面连在一起，会很跳，没有自然的流畅感。在静态单人的拍摄过程中，拍摄方向与景别的变化与调整，是保证后期编辑顺利进行的铺垫。人物专访的拍摄除外，因为人物专访的拍摄，主要是记录采访人与被采访人的交谈过程，主要记录交谈的内容，尤其是采访人的声音信息，所以拍摄的机位几乎不变，景别的变化也很少。如若不是双机位拍摄，采访人的处境、提问时的画面都不会被拍摄。

3）固定拍摄与运动拍摄

新闻摄像时静态单人的拍摄场景，由于拍摄方向和景别不断变化，可以运用固定镜头进行拍摄。固定镜头是指机位、光轴、焦距都不变的镜头。用静态的镜头来表现静态人物，非常容易形成统一的拍摄风格。但这样的画面串连起来很易给人一种单调乏味感，所以拍摄的时候经常采用镜头的运动来增强画面的形式感与吸引力。比较常用的就是变焦的推拉镜头，从人物的中景或者近景推到面部的特写，或者与之相反，从表现力较强的面部特写拉成中景或者近景。

这样的过程可能不会提供很多信息，但是画面运动给观众带来了注意力的转移，也就是改变了单调的固定画面。也可以用摇镜头，把人物和人物周围的环境交代出来，甚至可以在适当的方向或角度上，用手动变焦对物体或者周边环境进行展现。

2. 单人的虚构摄影

在影视的虚构作品中，单人静态的画面也能有很强的表现力。虚构的摄像与新闻摄像存在很大不同，它可以调动具有明显倾向性的技术因素，在光线、拍摄高度、方向、景别、运动上充分发挥出本身的效果。而且，为了取得特殊的表现效果，在调节白平衡时，还可以特意调成某种偏色的效果。

1）光线

新闻作品的光线也许只是让画面能有足够的亮度和清晰度即可，但是虚构作品的光线就需要刻画人物，这也是表达情感的主要方法。在拍摄人物时，要考虑到的光线问题主要有以下几项：

（1）方向。用人物正面作为参照，在人物拍摄方向照射光线。正面的光线相对容易反映出人物的衣服、皮肤等质感，确保色彩能够准确地还原，但这种光线的表现力不是很强。而侧面光线则会产生一些投影，虽然会有些妨碍色彩的还原，但是画面的表现力得到了加强，更为准确地表现出人物的精神气质。背面光线大多用来描绘人物轮廓，一般情况而言，在影视作品中，只用背面光线，人物的面部处在阴影之中，用来表现人物的神秘或阴险。

（2）强度。光线强度越高，投影就会越重。如果想表现出人物的紧张或沉重的心情，有浓重的投影在人物身后，这样表现出的效果会有所增强。

（3）色温。能够控制想要达到的画面色调结果。如若想要呈现出人物的阴险或者绝望，那么便运用冷色调；如若呈现人物内心的喜悦、积极的人生态度，则运用暖色调。

（4）其他性质。聚光或散光：聚光照明画面效果比较硬，投影重，人物的面部比较有棱角；而散光照明的画面效果就比较柔软了，投影轻，人物面部也会相对光洁柔和。入射光和反射光：入射光较硬，较强；反射光则比较弱。

2）高度

虚构作品在拍摄人物时，可运用仰拍或俯拍。突出人物气宇轩昂、大义凛然或者飞扬跋扈时运用仰拍；为突出人物的低调、压抑、猥琐或处于劣势、心理处于下风时，则运用俯拍。

3）方向

拍摄方向是指与人物正面构成的位置关系。从人物正面进行拍摄，能够清晰再现人物形象，给人留下的印象也比较完整，但不足是表现力相对会弱，也容易造成构图呆板；侧面拍摄能呈现人物的半边脸和一侧的身体，可以表现人物身体轮廓，但人物会有些压缩，不能很好地表现出人物的精神风貌；从人物前侧方向进行拍摄，既能把人物清晰完整地展现，又能传神地呈现人物，并且做到人物在画面的视觉中心，更能够吸引观众们的注意力；背面拍摄只能给人以背影，但有时候背影比正面形象更有表现力，且留给人以无限遐想。

4）景别

与新闻摄影一样，单人的虚构拍摄也要注意景别的大小相间。

5）运动

如前文所说，新闻拍摄有很多类似，但运动方式没什么限制，只要是表现需要，哪种运动都能运用。例如移动镜头，可以360°围绕人物移动，呈现出特殊的舞台效果，人物的眩晕感也能表现出来。

3. 多人的拍摄

多人包括两人、三人以上和人物群体。

1）两人拍摄

（1）两人的新闻摄像。

首先重要的是交代清楚人物之间的关系和他们之间的关联性。一般情况会有这几组镜头：一组景别不同的两人镜头，说明两人所在的环境、情景、空间位置和要表达的社会关系；单人的镜头各有一组，各自介绍人物的行为和基本信息；对其中一个人进行采访。拍摄两个人的新闻，最忌讳的就是画面中不能呈现出两人的某种联系，都是独立的，没有任何联系。即便是两个人离得很远，也要通过调动镜头让两人有所联系，这里可采用推拉摇等运动摄像方式来呈现。

当新闻摄像拍两个人时，人物视点镜头（主观镜头）一般不会拍摄，这样能形成人物视点的呼应，不会出现在虚构作品中的蒙太奇效果，拍摄的画面只要能表达新闻所能传递的信息就足矣。

如若拍摄的是访谈节目，那么拍摄的重点无疑就是被采访者了。一般会用采访者的过肩镜头来呈现采访者和被采访者之间的关系，后期编辑时偶尔也会穿插些反镜头来呈现采访者对于被采访者所聊的内容上的反应。

（2）两人的虚构摄像。

两个人的虚构拍摄和新闻拍摄主要的区别在于关系轴线、镜头的运动以及拍摄的角度。多数时候新闻拍摄不会考虑轴线问题,因为观众不会太在意这些问题,人们的关注点都在解说表达的信息。在虚构摄像中,交代清楚人物的位置关系可以保证叙事的清晰度。两人镜头中空间位置关系的呈现不是在水平方向上(为左右关系)就是在纵深方向上(为前后关系)。在虚构作品中,一般不能把最先交代镜头中的人物关系随意颠倒过来,这便是越轴问题了。为了让位置关系一致,机位变化要局限于关系轴线的一侧;要拍摄一些中性镜头,方便后期编辑处理越轴镜头的使用。如果人物是处在交流的状态,要注意拍摄双方的视点镜头,形成呼应,机位和角度也要模拟其中一个人的观点。在虚构作品中,人物之间的关系常运用过肩镜头。过肩镜头其实是利用前景和拍摄主体建立关系的方法,这样的镜头暗示有交流对象的存在。

2)三人以上多人摄像

在三人以上的静态场景拍摄中,新闻摄像与虚构摄像都要清楚交代人物之间的位置关系,都要抓取富于表现力的人物形象。

(1)位置关系。多人位置关系随着人物的交代会产生变化。新闻拍摄中不用交代得很清楚,主要记录做什么即可。在新闻摄像中,对不同人物组合的拍摄是最常用的方法,要遵循轴线原则,让人物之间的关系清晰一些。轴线的不断变化以观察点的变化为依据,前后镜头之间应该存在某种逻辑关联,或从前往后,或从左往右,或从中间往两边,形成人物的一定的次序,这种次序是能保持人物关系清晰的最基本手段。在虚构摄像中,对人物的交代会选择重要的人物和人物关系进行交代。确定好主要人物和关系后,可用关系轴线作为基础,然后再构建其他关系。其他的人物关系对主要的人物关系发挥说明、注释或衬托作用。

(2)人物选择。人物选择有两层含义:一是在整体构图角度,选择一两个构图的中心人物,这里的中心和以前国产电影里的以主要正面人物为中心的概念不同,它指的是画面的重心所在,使画面具有向心力与整体感;二是人物表现的角度,选一两个有丰富表现力的人作为重点。在选择人物时要将人物的选择和画面所想表达的效果联系起来,再综合考虑仪表、气质、表情、穿着、口头表达能力等方面因素。在虚构摄像中,人物的选择还要考虑喜剧效果,人物应有明显的特征。

(3)大含小。三人以上的多人场景和人群场景摄像都要遵循"大含小"的原则,它指的是小景别所表现的内容,要在足够大的景别中找到,大景别画面中包含小景别的内容,这样衔接的画面会更有依据,更加真实,否则就会变成滥用"蒙太奇"技巧拼凑时空的嫌疑了。以前这种做法可以成为创作的技巧,但随着人们对影视作品欣赏能力的提高,随着影视创作/制作观念的变化,人们已不能容忍这种弄虚作假的"技巧"了。

3)人物群体的拍摄

人物群体场景的大景别拍摄一般情况会找到附近制高点进行俯拍。俯拍在大场面、大的场景方面很有优势。但只有大的场面是不够的,拍摄者还要走近人物群体进行拍摄。

(1)新闻摄像。规则群体指的是人群位置按照一定的规则排列,有很大程度的整齐性,比如会场的观众、各种列队、仪式等。拍摄规则群体,除表现人物基本状况外,群体本身的形式感也要考虑,特别是各种列队。规则、整齐具有美感,表现出这种美感,并且能打动观众。想要拍出这样的形式感,需要站在较高的地方进行俯拍,运用大景别拍摄,否则不会给人强烈的印象感,特殊时候也能用平拍或仰拍。在表现个体、部分人物时也会使用小景别,对部分内容进行充实和强化。所以在拍摄时要穿插大小景别,可多运用些大景别。对于规则、整齐的群体,采用多种运动镜头拍摄。推、拉、摇、移都有很好的画面效果,升降镜头也能给人们带来惊喜。

不规则群体,指的是人物位置混乱、无任何"道理"的群体。面对如此群体,新闻拍摄者要先确定目的,要尽量抓取可以表达意图的人物及人物关系。人物可以拍不全,但必须要有代表性、表现性。表现要求不一样,场景主体不一样,对画面内容要求也会不一样,这就要求拍摄时抓取的对象有所不同。

不规则群体拍摄应注意构图问题,每组拍摄都要有重心,拍摄的人要在人群中迅速找到合适的角度。画面如若没有重心的话,会影响信息的传播,也会缺少表现力。在行走中用长镜头进行动作拍摄,画面的晃动能带来纪实感和现场感。

(2)虚构摄像。虚构摄像是在导演对所有演员的调度基础上实施的,因此群体场景拍摄不会有所谓的规则原则,全部按照事先安排和调度行事。不同之处在于剧情和导演所要的是怎样的场景,是整齐有序还是凌乱无序,即便凌乱,也要乱得有其"道理"。

虚构拍摄的优点是人物群体拍摄可以集中表现,可运用长长的轨道进行移动镜头拍摄,升降镜头的拍摄则可用摇臂或升降机进行拍摄;也可采用航拍进行拍摄。拍摄的设备以及手段没有限制,这样就能拍出更理想、更令人惊叹的画面。

综上所述,人物群体的虚构拍摄和新闻拍摄相比有许多优势,但要求也更加严格,例如对人物个体或部分拍摄时,被拍摄的个体或部分要表演到位,状态要好,这样才能有表现性和代表性;任何的个体或部分的表演与表现,不会和整体表现相协调,而是与整体拍摄相照应,不能顾此失彼;人物的表演和镜头的运动要合拍,人群的表演不是跟镜头走,而是顺应剧情走,跟导演的严格要求走,这些都比新闻拍摄要烦琐,要求也更加严苛细致。

14.3 景物的拍摄

景物摄像包括风景摄像和静物摄像两大类。

1. 风景摄像

1)选景

景点、建筑要选择有代表性的或构图层次比较丰富的角度、位置进行拍摄。如若是经常看见的景点,拍摄者的重点任务就是多走路,找到适合的位置或角度,力求拍摄新颖。画面的新意就是提供新的观察视角。

2）景别

风景拍摄不同于静态的人物拍摄，要注意景别的变化。景别的变化不光表现于同一个角度或者位置上，也会表现在不同位置和不同景点上，所以同一景点可以根据需要拍出不一样景别的画面，景点不同的画面在景别上也要有所区分，以便后期工作顺利进行。

3）构图

风景拍摄时构图很是讲究，将主体放在画面的视觉中心而不是几何中心位置，这样会更加增强画面的吸引力和表现力；多给左右展开的物体找到适合的前景或背景，要处理好背景和前景之间的关系。

4）运动

摄像机和镜头的运动可以更好地展示风景层次。电视摄像比绘画更能表现景次，它的最大优势就在于摄像机或者镜头的运动。在风景拍摄中，长镜头可形成移步换景的效果。摇镜头可呈现风景横向联系与纵向的层次关系，特别是凹凸起伏的山水风景，采用摇镜头仿佛缓慢打开的山水画一样。

5）精雕细琢

风景拍摄时的精雕细刻指的是拍出精彩动人的特写镜头，这种镜头在影视作品中很是常见，例如带有露珠的花瓣、石阶上的苔藓、生了锈的铃铛等等，这类镜头就好比是句子中的惊叹词，既能加深观众的印象，也能突出风景的特色，表现能力很是独特。精雕细刻是有前提的，那就是要求我们善于发现，眼睛看不到这些细节的话，就不会有如此精细的画面了。这类镜头的拍摄要求用三脚架，能够稳住画面。这种小镜头的拍摄大多运用长焦距拍摄，因此可以衬托出拍摄对象的清晰和背景的虚化。

2. 静物摄像

静物摄像在这里特指对书刊报章、照片以及其他小物件的拍摄。其多数会使用微拍技术。静物拍摄需要注意的技术问题有：

1）高架机位

小物件拍摄要用三脚架保证画面的稳定。一本书放在桌面上，为了获得清晰的效果，把三脚架放到最高处进行俯拍。在拍摄特写镜头时也只是部分段落清晰、相邻的上下段落模糊的结果。高架机位要把镜头放到微拍范围之外，这样操作能相对自由些。

2）微拍

近距离拍摄微小物件时，如昆虫、夜间的水珠等，必须采用微拍手段。微拍时要先调节微拍按钮，然后适时调焦。

3）光斑

拍摄照片等表面光滑、反光的物件时，要注意拍摄的角度、光线的方向，以免照片表面有光斑，继而影响信息的传达。由于摄像机取景框小，只显示黑白画面，光斑在取景框中不会很明显，所以要格外小心。

14.4 影视镜头语言

新闻镜头语言的类型是电视传播方式适应新闻传播内容对形象化反应要求的产物，电视传播方式和报纸、广播有所不同。其体现的是对新闻报道内容表现的特点，反映处理报道内容时的一般规律。

电视新闻镜头语言是指反映新闻内容、说明新闻事实的画面形式。这些画面形式以形象表现作为基础，体现视觉元素同时进行有机结合。根据任务和作用的不同，主要分成叙述性镜头、描写性镜头、说明性镜头、关键镜头、细节镜头和资料镜头。

1. 叙述性镜头

叙述性镜头所反映的内容在时间上的先后顺序和内容上的承接关系很明显，空间环境比较紧凑，内容的情景和过程一目了然。拍摄这类镜头时，要按照一定顺序拍摄，从而有较完整的过程。要注意的是，这样的新闻因情景变化会有逻辑关系，所以要严格按照顺序进行拍摄。

2. 描写性镜头

描写性镜头所反映的内容一般并不表现为一定的过程，而更多地表现为一定的情景。情景和情景之间虽然有时间上发生的先后性，但它们在内容上却往往并不体现递进关系。描写性镜头表现的内容，经常是事物在发生发展过程中的一定阶段出现或者存在的情景，这种情景在事物的发展变化过程中往往不会很快消失，而是会持续一段时间。

3. 说明性镜头

现实中的有些内容如经济新闻、政治新闻等，因其缺乏形象性，往往通过说明性镜头予以反映。电视可以说是形象化的新闻报道手段，它反映抽象内容时，会借助具体形象事物让人们感知，并且得到人们的认同。

4. 关键镜头

最能反映、揭示和说明新闻事实的形象语言是关键镜头，它最能体现电视新闻的特点，能说明新闻的实质。并不是每个新闻报道都有关键镜头，但新闻中如果有重要内容，而没有和它相关的形象画面来表现，新闻报道就会变得大打折扣，甚至引起人们的猜疑。

与叙述性镜头、描写性镜头和说明性镜头相比，关键镜头有以下特点：

电视新闻报道是形象化的新闻事实。形象化是电视新闻和报纸、广播新闻的本质区别与要求。新闻报道是观众知道了解后，能呈现的事实存在、发生与发展。"眼见为实"是电视新闻赢得广大观众的关键所在，是电视新闻报道的特长和优势，是其他传媒所无法比拟的。

众所周知,电视新闻的采访拍摄会受到其他方面的条件限制。尤其是突发性新闻事件,若事件发生时没有记者在场,或事情特别突然使记者措手不及,这样关键环节的情景就不易拍到。这时他们会采用别的方法进行补救,但关键镜头已然丢失。在特殊情况下可以理解,除特殊情况下,关键镜头不可缺失。

5. 细节镜头

细节镜头的表现对象是新闻事件发生过程中的一些细微的情节。细节镜头不会直接反映新闻的主题,但能从其他方面做到丰富主题、深化内容。如若用身体的骨架比喻叙述性镜头、描写性镜头和说明性镜头,那细节镜头就可以说是人的血肉。没有骨架,新闻会无法成立,没有血肉,报道就会空洞无味。细节镜头的作用有很多,大体上分为以下几种:丰富新闻的内涵、揭示新闻的本质、深化新闻的内容。

在新闻事件现场,注意抓拍感人的、生动的、表现力较强的细节,这样有助于细化出生动活泼、想象鲜明、内容丰富又感人的画面。在后期编辑时,要把握好细节的运用,恰到好处。细节镜头的分量上不宜过重,避免喧宾夺主、本末倒置。

6. 资料镜头

资料镜头是和新闻内容相关的旧的音像资料。电影的拍摄素材中被保存下来的都有可能是以后的新闻资料。电视新闻摄影是借助资料镜头的意义,主要表现在对比和引用上。

思考与练习

一、简答题

1. 会场摄像的"通则"是什么?

2. 会场拍摄时需要特别注意的细节是什么?

3. 会场的虚拟摄影要注意什么?

4. 人物新闻拍摄像,应该注意的问题有哪些?

5. 多人拍摄时要重点注意什么?

6. 景物的拍摄要注意哪些问题?

7. 根据任务和作用的不同可以将影视镜头分为哪些类别?

二、名词解释

1. 叙述性镜头   2. 描写性镜头

3. 说明性镜头   4. 关键镜头

5. 细节镜头   6. 资料镜头

第15章

动态摄像

动态摄像是通过镜头和被摄对象的运动，从不同角度动态地表现被摄对象的一种摄像形式。在动态摄像中，镜头的运动和转换应遵循哪些原则呢？本章我们将从镜头运动的方向性、镜头运动的衔接以及镜头运动的分切三个方面来讨论动态摄像。

15.1　运动的方向性

把现实生活中一个物体的运动表现在屏幕上，其运动方向取决于摄像机的位置。对同一运动物体，由不同的侧面去拍摄，在屏幕上会得到不同的运动方向。一般来说，在运动主体两侧拍摄的画面无法进行组接，如果硬行组接的话，主体的运动就会忽而向左、忽而向右，造成方向上的混乱。为了描述动态摄像中镜头运动的方向性，我们引入轴线的概念。

1. 轴线的定义和类型

所谓轴线，是指在镜头运动过程中摄像机与被摄对象的视线方向、运动方向和不同对象之间的关系所形成的一条无形的动作线，是一条假想的"线"。如图15-1所示。

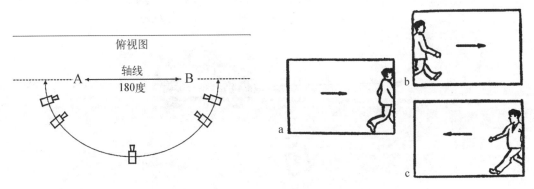

图15-1　轴线的定义

在实际拍摄时,为了保证被表现物体在影视画面空间中相对稳定的位置和统一的运动方向,摄像机要在轴线一侧180°之内的区域设置机位、安排角度、调度景别,这即是镜头运动必须遵守的"轴线规则"。如果拍摄过程中摄像机的位置始终保持在轴线的同一侧,那么不论摄像机的高低仰俯如何变化,镜头的运动如何复杂,不管拍摄多少镜头,从画面来看,被摄主体的位置关系及运动方向总是一致的。

假如摄像机越过原先的轴线一侧,到轴线的另外一侧区域去拍摄,即成为"越轴",也叫"跳轴"或"离轴"。越轴后所拍得的画面中,被摄对象与原先所拍画面中的位置和方向是不一致的,从而会发生视觉接受上的混乱。

在影视画面中,轴线有三种类型,分别是方向轴线、运动轴线和关系轴线。

方向轴线是处于相对静止的人物视线方向所构成的轴线。如图15-2所示。

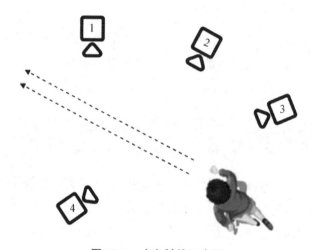

图15-2　方向轴线示意图

运动轴线是处于运动中的人或物的运动方向构成的轴线,它是由被摄主体的运动所产生的一条无形的线,或称之为主体运动轨迹。如图15-3所示。

图15-3　运动轴线示意图

关系轴线是由人与人或者人与物进行交流的位置关系形成的轴线。这种轴线是一条直线。关系轴线在摄像实践中使用广泛,尤其在有两个人物的场景中。如图15-4所示。

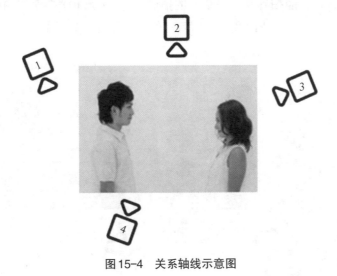

图15-4 关系轴线示意图

2. 轴线规律

当我们遵循轴线规则变换拍摄角度时,在两两相连的镜头中将产生以下三种方向关系:

(1)用摄像机的平行角度或共同视轴角度拍摄,画面中运动对象的方向将完全相同。

所谓共同视轴,即两台摄像机在同一光轴上设置的拍摄角度,相连的镜头中拍摄方向不变,只有拍摄距离和画面景别的变化。如图15-5所示。

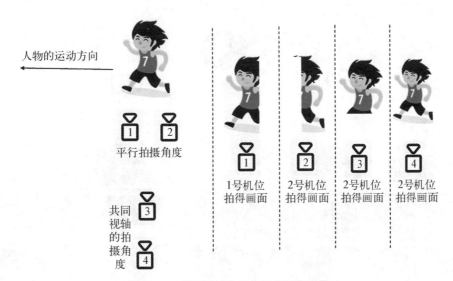

图15-5 共同视轴角度与平行拍摄角度

（2）在轴线一侧设置两个互为反拍的机位，画面中运动对象方向一致，但其正背、远近不同。在摄像机的拍摄角度中，两相成对的反拍角度有内、外两种情况。内反拍角度是在轴线一侧，每个机位只能拍到其中一个人的拍摄角度；外反拍角度则是在轴线一侧，每个机位能拍到两个人，一个前侧面和一个后侧面的拍摄角度。如图15-6所示。

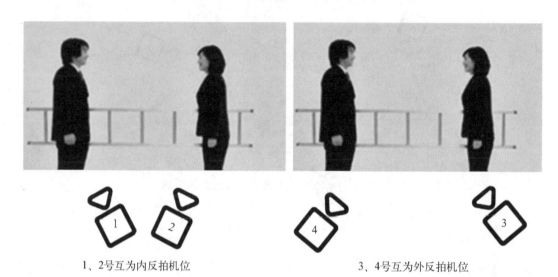

1、2号互为内反拍机位　　　　　　　　　　　　3、4号互为外反拍机位

图15-6　内反拍角度与外反拍角度

（3）镜头光轴与被摄对象的运动方向合一时，在画面中无左右方向的变化，只有被摄对象沿镜头光轴的远近和正背变化。由这种镜头调度所拍得的画面运动主体无明显的方向感，这种镜头又被称为中性镜头。如图15-7所示。

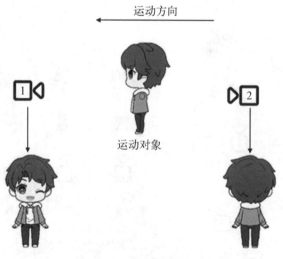

图15-7　中性镜头

3. 常用的合理越轴方法

在运用现代高科技装备和创作者聪明才智去进行画面造型表现的过程中,为了寻求更加丰富多变的画面语言和更具表现力的影视场面,我们又往往要打破"轴线规则",不把镜头局限于轴线一侧,而是以多变的视角全方位、立体化地表现客观现实时空,这种有意越轴,术语上也叫合理越轴。因此,我们需要借助一些合理的因素或者其他画面作为过渡,"跨越"越轴后的画面与越轴前的画面直接进行组接遇到的障碍,从而合理地越过轴线拍摄,形成丰富多样的画面语言,以下介绍几种合理"越轴"的常用手法。

(1)利用被摄主体的运动越轴。在两个相反方向运动的镜头之间,插入一个被摄主体运动路线改变的镜头。如:在表现两人对话而越轴的两个镜头中间,插入其中一方向对方走去或走到对方另一侧的一个画面,即可使镜头顺畅转换。

(2)利用摄像机的运动来越过原先的轴线。摄像机始终是摄像人员场面调度时最为积极主动的活跃因素之一。虽然越轴镜头不能直接组接,但是摄像机却可以通过自身的运动"越"过那道轴线,并通过连续不断的画面显示出越轴过程。由于观众目睹了摄像机的运动历程,视觉心理上跟随摄像机的运动,因此也就能清楚地了解这种由镜头调度而引起的画面对象方位关系的变化。

(3)利用中性镜头间隔轴线两边的镜头,缓和越轴给观众造成视觉上的跳跃。由于中性镜头无明确的方向性,所以能在视觉上产生一定的过渡作用。当越轴前所拍的镜头与越轴后的镜头相组接时,中间以中性镜头作为过渡,就能缓和越轴后的画面跳跃感,给观众一定的时间来认识画面形象位置关系等的变化。

(4)利用插入镜头改变方向,越过轴线。这种方法与上述第(3)种方法相似,区别在于插入镜头的内容和景别有所不同。一般来说,用于越轴拍摄的插入镜头都是特写镜头。我们以两种不同情况来举例说明。第一种情况是在相同空间的场景中,插入一些方向性不明确的被摄对象的局部特写画面,使得镜头在轴线两侧拍摄的画面能够组接起来。第二种情况是插入一些环境中的实物特写作为过渡镜头。

(5)利用双轴线,越过一个轴线,由另一个轴线去完成画面空间的统一。在某些特定的场景中,如果既存在关系轴线,同时也存在运动轴线,我们通常选择关系轴线,越过运动轴线去进行镜头调度。相比之下,遵循关系轴线所拍得的画面,要比按照运动轴线处理给观众带来的视觉跳跃感小。为了保持画面中运动主体位置关系不变,在小景别构图时,一般都要以关系轴线为主,越过运动轴线进行镜头调度。但在大景别构图时,一般以运动轴线为主、关系轴线为辅进行镜头调度。

 ## 15.2 镜头间运动的衔接

动态场景的拍摄,要考虑的技术问题就是镜头之间运动的衔接。如果说运动方向的一致性是为了保证叙事的清晰明确,不让观众产生疑惑,那么运动的衔接则是为了叙事的流畅,使画面不"跳"。镜头间运动的衔接方式有以下几种:

1. 主体消失

使被摄主体从画面中消失,这时观众的注意力也正好需要转移,可以马上转接到另外的动态镜头。运用主体消失进行镜头间的转接时需要注意:首先,要选择合适的拍摄点,能够让主体"消失"。其次,要根据剧情需要决定在主体消失后是不是还要拍摄一定长度,以形成一种节奏或情绪。最后,要用适当的景别进行拍摄。

2. 封挡镜头

封挡镜头是指运动主体向摄像机镜头前移动,并且把摄像机镜头完全遮挡住的一种技巧。拍摄封挡镜头时应注意:首先,要封挡自然,运动主体在向摄像机运动时要保持方向速度的一致,不能在接近机器时出现犹豫、减速或避让倾向。其次,要遮挡彻底,即要把摄像机镜头完全挡黑。最后,要有挡有离,形成对应。

3. 出画入画

所谓出画入画,就是让被摄主体运动进画面或者运动出画面。出画入画是影视作品进行动作衔接和时空转换最传统、最常用的方法。与封挡镜头一样,出画入画一般也是配对使用。拍摄出画入画镜头时需要注意:首先,要方向匹配,一般情况下,要避免出画与入画的位置相同或相近。其次,要景别匹配,出画和入画的景别要有所区别。最后,要镜头固定,在拍摄出画入画镜头时,一般都采用固定镜头进行拍摄。

4. 呼应连接

所谓呼应连接,是指前后镜头之间存在呼应关系,即后一镜头与前一镜头之间在事理、时间、因果等方面有着比较紧密的承接性和联系性。拍摄呼应镜头时需要注意:首先,要把握运动节奏,前后镜头中主体的运动节奏应协调一致或形成反差。其次,要强调细节,前后呼应的镜头,除了做到剧情上的呼应以外,最好还要能够在细节上进行照应。

 15.3 运动的分切

在现实生活中,我们认识事物的角度往往是单一的,而影像给了人们从多种角度、多种距离观看事物发展过程的机会。因此,用若干片段将运动的典型部分拍下,从多方位反映运动,与只用一个镜头连续地拍下整个运动过程相比更为生动有趣。例如,在拍摄汽车的运动时,利用不同景别从不同角度拍摄汽车的运动画面,可以全方位地交代当时的背景以及汽车运动的速度。如图15-8所示。

图15-8 汽车的运动分切示意图

运动的分切与镜头间动作的衔接最大的区别在于运动主体是同一个,是对同一主体运动过程的分切,接下来我们就来讨论一下关于运动分切的几个概念。

1. 动作接点

动作接点是指在动作行为的某个关节点上切换镜头,省略掉部分动作过程,再继续展现这个动作的其他相关部分,并且使观众觉得不突兀。摄像时最重要的就是一定要把这样的动作关节点拍摄下来。

1)动作结束点

任何一个动作行为,都有一个起点和结束点,在影视作品中,一般选择动作的结束点作为镜头转换点,而不选择动作起点,因为动作起点会产生中断感。例如,某人在办公桌前收拾东西,准备下班,选择在他收拾整理好东西坐定的瞬间转换镜头。

2)动作静止点

主体动作在连续中总有静止点,选择静止点作为转换镜头的动作接点会使主体运动显得完整和谐。比如人物低头写作的镜头,当他停止写作抬头思索的瞬间,转换镜头。

3)动作转换点

主体动作在连续中有所变化,选择动作转换的瞬间作为动作接点。因为新的动作行为吸引了观众的注意力,所以就不会注意到镜头转换接点。动作转换点经常会和前一个镜头中动作的结束点联合使用。

2. 动静转换

任何主体的运动都有从静止到运动,或者从运动到静止的过程,如果主体从静止转为运动,那么动作转换点就选择在静止动作出现运动倾向的瞬间,比如一个人坐着工作,突然有事情需要起身,那么就在他有起身倾向的瞬间转换镜头,下一个镜头为他在走廊里快速走着。如果主体是从运动转为静止,那么动作转换点就选择在运动出现静止倾向的瞬间,比如前一个镜头是一辆汽车朝我们开来,并逐渐减速,转换镜头,下一个镜头转为另一角度有人从车上下来。

这样的动静转换,经常可以省略掉没有多少意义的动作过程,有助于叙事的简洁和节奏的明快。不过,在拍摄这些镜头时,要注意在前后镜头的拍摄角度和景别上区别开来,因为表现的是同一个主体,所以当拍摄角度相近或景别相近,画面会"跳"。

3. 运动变向

主体运动发生方向的变化时,如果马上转换镜头,观众不会感到突然,因为方向变化已经起了一点提示作用。比如某人骑自行车在街道上直行,在路口拐弯出画,镜头转换,下一镜头,他正站在一个小商店前买东西,身后放着他骑的自行车。

运动变向会给原本比较单调的主体运动带来一些变化,尤其是在那种主体运动时间比较长、运动内容本身也缺少变化下,会使运动画面更加丰富。

4. 视点镜头

运用运动主体的视点镜头进行镜头转换,也是影视作品进行动作分切过程的常用手法。比如被摄主体在操场上独自跑步,视点镜头,几个小伙子在一边踢足球,下一个镜头,他和小伙子们一起踢着足球。通过视点镜头,可以非常方便地把前后动作关联起来。当然,视点镜头的内容必须跟后面的动作行为相关。

5. 特写镜头

特写镜头是一种最灵活的镜头,它不仅可以加深观众理解、深化印象,而且可以发挥多种结构功能。在运动过程的分切拍摄中,特写镜头也可以发挥转换作用。例如,被摄主体在办公室里紧张忙碌,看材料、打电话,时钟特写,时间下午五点半,镜头转换,他在机场接人;时钟特写,时间晚上七点,他跟接来的人在会议室谈判,窗外,已经是灯火通明;时钟特写,时间晚上九点半,他和来宾签署协议,宾主喝香槟酒。这些例子可以说明,恰当的特写镜头,可以很自然地对主体的运动过程进行分切、组合。

📑 思考与练习

一、简答题

1. 轴线分为哪几种类型?

2. 常用的合理越轴方法有哪些?

3. 在进行动态场景拍摄时,如何进行镜头间运动的衔接?

4. 拍摄出画入画镜头时,需要注意哪些问题?

二、实践题

1. 拍摄一个镜头片段,要求运用封挡镜头的手法进行镜头间运动的衔接。

2. 拍摄一个镜头片段,要求运用动静转换的手法进行被摄主体运动过程的分切。

第16章

摄像中的同期声处理

影视摄像或其他类型的摄像不仅要拍摄画面,经常还需要记录现场的声音,本章主要介绍摄像中同期声的概念与分类、录制、编辑和应用。

 ## 16.1　同期声的种类和作用

同期声是指拍摄画面时同步记录下与画面有关的现场人物语言或自然环境中的声响。一段恰当的同期声经过后期的细致处理不仅能够为观众提供充足的信息内容,而且还能够全方位地升华节目价值,增强节目的表现力和感染力,营造强烈的视听冲击效果。同期声作为事实的一部分,在电视新闻报道、纪录片等写实节目中,对主题烘托、人物个性展示、现场气氛渲染等方面具有不可替代的作用。

1. 同期声的种类

专题、电视新闻等节目摄像中有效发挥同期声的作用,对于提高电视节目的质量极为重要。按照同期声在专题拍摄中所起的作用不同,同期声可分为现场同期声和采访同期声。

1)现场同期声

现场同期声是指专题、电视新闻拍摄画面中人物所说的话以及画面中客观物体发出的原始声响,如鸟叫声、溪水声、马达声等。在画面拍摄过程中,同时记录下的现场声音可以有效拓宽画面空间结构,渲染现场氛围,使画面所要展示的内容更加生动具体,更能激发观众的共鸣,对解说词起到很大的补充作用。

在纪录片《人与自然》中,食肉动物追捕猎物时的急速跑动,以及在撕咬和食入猎物时发出的声音,均是通过现场同期声真实地展现给观众。若仅凭解说员单调解说的话,人们在观看时就会感到十分单调,没有太多的激情,更不能较好地激发观众的兴趣。

2)采访同期声

采访同期声是指根据事先计划的主题和内容对人物进行的采访,在电视新闻采访节目中应用较多。采访同期声是采访的一种手段，一般出现在新闻当中。在采访中记者采访当事人，采访者与被采访者针对某一话题直接交流，当事人的画面和原音同时播放。采访同期声可以有效减少解说词和旁白的使用，使整个节目更富有真实性，更贴近事实，更灵活。采访同期声记录的是发生在现场真实环境的人物的说话声音，极具人物特点与身份特征，体现节目主题。

采访同期声出自画面人物之口，观众耳听声音、目击画面，视觉与听觉的通感效应牵动观众的思维导向，拓展观众认识问题的视野，画面展示了说话人说话时的环境氛围。观众不仅凭此可以推断报道者现场采访的特定时空，还会将画面展示的环境氛围与同期声的内容联系起来一起审视，一并思考。采访同期声主要包括三种情况：一是采访对象专心致志接受采访的声音，二是采访对象边工作边回答记者的声音，三是记者抢拍记录的当事人的话语。

为了保证节目质量，在采访同期声录制过程中，要确定合适的采访对象，设计有针对性的问题，选择适宜的环境和合适的录音设备。在整个采访过程中把握好采访节奏，引导采访对象的谈话方向，记者要始终控制好现场的主动权，要不断地从采访对象讲话中发现新的新闻价值，捕捉生动的细节，进而丰富报道的内容。对于需要暗访的重大新闻实事，记者需要自备录音设备，以便采到真实、有价值的同期声。

对于现场实况采访的拍摄画面通常会同时包含现场同期声和采访同期声。如《新闻联播》中现场报道部分的人物采访、动作声音以及现场其他声音同时包含了现场同期声和采访同期声。电视新闻采访节目中通常包含记者、主持人新闻现场的同期声报道，记者与采访对象之间的交谈、新闻人物的谈话、新闻现场的其他各种声音，如水声、脚步声、车辆行走声和枪炮声等等。

现在电视新闻采用"时间+事件"概述的方式做字幕辅助，通过"画面+文字+同期声"的方式介绍新闻的主要信息，某些场合替换以往"画面+单纯画外解说"的固有模式。

2. 同期声的作用

在专题片拍摄中恰当地运用好同期声可以弥补画面的不足，在特定场合比解说词和旁白更能吸引和感染观众。

1）同期声增强了电视新闻的真实感

电视新闻报道中最重要的就是真实，其通过画面和声音展现新闻现场动态，而没有同期声的电视新闻报道可能会让观众对于新闻的真实性产生怀疑。同期声记录的是新闻现场的声音，不仅可以突出新闻节目的主题，营造良好的报道氛围，最大限度地让观众感同身受，还有助于增强电视新闻报道的真实性和客观性。

2）同期声能够增强电视新闻的权威性、感染力和说服力

同期声有利于表现被采访人物的真实状态，使被采访人物更加真实、饱满。当被采访者直接面对观众，通过麦克风把自己的经历、感受、观点陈述给观众时，利用同期声记录下

说话过程的语气、声调和拍摄画面记录下的表情、神态以及举止,可以让观众感受到一个立体的、生动的信息。同期声记录下的新闻现场的声音,能营造浓厚的现场氛围,更好地在电视中还原真实世界,使观众更好地体会现场实况,使新闻事件报道更具有感染力。

3)同期声提升电视新闻画面的完整性和弥补画面不足

在正常的生活环境中,人们习惯于依靠听觉和视觉感知外界客观世界,一旦画面和声音出现剥离,就会使人有一种不完整的感觉。同时,电视新闻报道也是一样,人们更愿意一边观看电视画面,一边听到声音,这样才能让受众感到整个电视新闻报道过程的真实完整。例如祖国70年华诞大阅兵的现场直播中,主席的问候声、士兵的脚步声、嘹亮的口号声,这些同期声的播放,使阅兵震撼的场面更具有完整性,更能打动坐在电视机前收看的观众。

当拍摄受到各种客观因素的制约、真实画面不易取得时,这时的同期声就可以弥补画面的不足,在节目主题表现中占主导地位。应用较为突出的是新闻调查类栏目,通常在调查过程中越接近事实真相,人身安全越得不到保证。为了既能客观、真实反映新闻事实又能保证采访者人身安全,这时只能偷拍。在这样的情况下,画面的质量是很难保证的,而同期声却完全能起到弥补的作用,让观众更能体会事件的危险性和紧迫性。

4)同期声可以增强新闻节目的客观性

观众对电视新闻报道的客观性要求极高,灵活、准确地采访画面和同期声能够让事件的当事人或目击者直接面对观众陈述他们的所见、所闻、所感,使报道具有无可争辩的客观性。

 ## 16.2 同期声的录制和应用

1. 同期声的录制

电视新闻节目是视觉和听觉共同构成的画面艺术,其真实性直接体现在画面和声音上,同期声在整个节目录制中占据着相当重要的位置。同期声以准确真实的现场感与画面紧密结合,并以声画的同一时空性,让观众身临其境。同时,由于同期声的三维性,能够突破屏幕的限制,能够扩展与延伸画面空间,从而使作品的画面具有开放性,进而传达更多的信息,表述更深的含义。因此,同期声录制的优劣直接决定了节目的成败。

1)同期声录制的目标和原则

同期声录制过程中需要充分考虑后期制作需求,必须满足后期编辑和混录的需要;尽量真实展现现场的环境;尽量减少反复拍摄引起的音质差别;减少现场的干扰噪声;尽量不要录制混响;避免语言的重叠而产生的相位混淆,防止后期编辑困难;保证声画景一致;拍摄画面内容突出主体;话筒尽可能靠近发声对象。

2)录音设备特点及适用场合

高质量的同期声很大程度上取决于话筒的选择和使用,只有了解不同类型话筒的特性和特点,合理处理话筒与声源的角度、距离和位置的关系,正确地使用话筒,并对所拾取的声音做恰当的音量音色处理,才能使拾取的声音具有与画面相吻合的距离感、空间感以及运动感;才能使声音真实地反映环境氛围,体现环境声场的特有品质;才能使同期声符合节目需要和获得良好的清晰度,让同期声成为节目的有力营造元素。下面列出常用的话筒和适用的节目场合。

(1)动圈话筒。动圈话筒价格低廉、工作稳定、耐用,且灵敏度较低,广泛用于近距离声音拾取,如主持人的声音拾取和各种演出场合近距离乐器拾音。因此,录制周围环境对拾音影响较小,能够使拾取的声音有效、干净。另外,其可收录声压较高、脉冲较大的声源,如枪声、爆竹声、爆炸声等,选择动圈低感度话筒收录近距离的枪炮声和爆炸声会取得比较理想的效果。但其频率响应不够宽,对于细腻的人声演唱等场合,或管弦乐队的合奏等力不从心。如图16-1所示。

(2)电容话筒。电容话筒噪声低、失真小、灵敏度较高、频率响应宽、指向性较强、体积较小、重量较轻,可以充分利用话筒灵敏度高、指向性较强的特点,改善信噪比,满足室内外拾音的需求,但是其阻抗极高,极易检拾外界噪声,其环境声场容易影响其拾音效果。如图16-2所示。

(3)手持无线话筒。手持无线话筒的使用方便了主持人、采访人以及采访活动,特别是在人多的场合,很大程度上加大了采访人和被采访人的自由度。其可用于主持人的单个录音,也可用于采访场合的两人及以上多人录音场合。

(4)领夹式无线话筒。领夹式无线话筒外形较小,灵敏度较低,适合于嘈杂环境中主持人录音。由于领夹式无线话筒解放了主持人的双手,特别适合于对现场物品介绍或需要手部动作的主持人。如图16-3所示。

图16-1　心形动圈人声话筒　　　图16-2　指向性电容话筒　　　图16-3　领夹式无线话筒

(5)摄像机话筒。摄像机话筒分内置话筒和外置话筒两类,话筒安装在机体里面或将话筒置于摄像机上面的话筒架上,随摄像机同步移动,可以方便在拍摄时完成同期音录制。利用摄像机话筒录音的质量取决于摄像机上声音键的正确使用,所以使用摄录一体机记录现场声音时要注意录音音轨、音频接口、键的设置和电平调节等操作。摄像机内置话筒适合近距离声音拾取或大场面的效果声,当拾取远距离的声音时,常采用锐心形话筒作为外置话筒。但是摄像机话筒在拾取全景和中景的大景别镜头时，由于摄像机远离被拍摄人物和场景，录制的声音往往是包含大量环境噪声，使录制主题不突出，并且由于话筒与录制对象的距离变化会使录制的音量忽大忽小，很不流畅。

（6）吊杆话筒。吊杆话筒是拍摄全景和中景时使用较多的一种录音器材，特别是影视拍摄中使用较多。它利用可伸缩的特制杆固定话筒完成多角度的声音拾取，并且不干扰画面拍摄和现场人物活动，但它需要专门的录音人员（即吊杆操作人员）和调音台、耳机、话筒等相关录音设备。在一场复杂场景声音录制过程中，吊杆操作人员需要根据耳机监听的声音情况调节调音台和吊杆话筒，以拾取高信噪比、低失真度的声音。如果监听拾音不同期，那么就会盲目移动吊杆话筒，从而不能真正录好声源及其所处环境的同期声，使录制的声音无意义。如图16-4所示。

图16-4 吊杆话筒

3）话筒的收音要素

要使录制的同期声层次清楚、主次分明，很重要的一点就是要了解话筒的收音要素并能够正确地使用话筒。话筒的收音方法，会决定声音的质感和用途。话筒的收音要素，对人物对话、旁白、背景声音等所有录音情况都适用。

（1）声音的表现力。声音的表现力直接体现在真实性上，也就是播放的声音必须具有实际生活中的特质。

（2）距离感。声音的距离感和距离有关。一般而言，远处人的声音和近处人物的声音有所区分。通过这种方式，观众就可以产生与人物较近和较远的感觉。实际上，音量是随着话筒与被拍摄主体间的距离的递增而成倍递减的，遵从平方反比定律。

（3）平衡性。平衡性指的是声音的相对音量，重要的声音比不重要的声音要大些，人类的耳朵可以有选择地去听要听的声音，但是话筒不可以。对平衡性的要求是话筒设计成具有方向性的一个原因。相对于全向话筒，心形话筒的功能更像具有选择性倾听功能的人耳。正确平衡的最佳做法，是将每一个重要的声音元素都以平行方式记录下来，然后可以通过后期制作调整音量的相对大小。

（4）连续性。声音的连续性指的是在连续镜头中要有一致性。声音的连续性和画面的连续性一样重要。在准备连接起来的两个主人公的特写画面中，如果一个特写画面有水龙头的滴水声，那么在另一个的特写画面也应该有相同的滴水声。影响表现力和距离感的要素也应保持连续性，全景镜头中出现的物镜，即使在拍摄特写画面中也不应除去，如果移除,改变环境,就会使空间声音变化,从而造成全景镜头与特写镜头在音质上的差异。如果同一场景不是连续拍摄,那么应注意记录话筒距离。

4)录音前的准备

提高节目的同期声质量,做好录音前的基本准备是第一环节。

(1)了解将要录制同期音的节目内容。了解节目内容可以帮助我们决定使用什么样的话筒及调音设备等相关录音设备。同时做到心中有数,防止实际采访或录制时手忙脚乱,影响节目效果。

(2)了解录音现场的自然环境、声学环境。同期声录制现场的环境和条件对同期声录制效果有直接影响,如室内混响时间过长,声音会不清晰;室外环境噪声过大,会使录制声音背景嘈杂。只有了解具体情况,才能有效采取措施防止或减小环境对同期声录制的干扰,避免同期录音失败的发生。

(3)了解节目所要表现的主题。节目所要表现的主题对同期声录制有直接影响,如春节热闹的景象,为了凸显这一主题,节目中出现许多热闹的场景,在同期录音时,就应该通过声音把这些热闹气氛的场景充分地表现出来,以突出节目的主题。

(4)寻找噪声源,避免原始环境噪声。录音前最好先寻找噪声源,特别是室内拍摄时,应将空调、冰箱、电脑等关闭,确保录音过程非画面相关声音的出现,即使后期细致处理,很难完全滤掉原始噪声,而且还会损失部分有效声音。

(5)分析将要录制同期音的声音构成,抓住声音的主体。节目拍摄时,同期音往往不是由一种声音构成的,而是由人物说话、环境声音等多种声音组合而成,这些声音在节目中所起的作用不一样,出现的形式也各不相同。所以在录制时,应该区分声音主次,区别对待,增强声音的层次感,同时也满足了节目内容的需要。

(6)准备基本录音设备和器材。在掌握了节目主题内容和拾音对象的声音构成后,检查录音过程中需要的基本设备和录音器材。节目录制常用的设备和器材主要包括话筒支架、话筒杆、减震器、防风罩、调音台、录音设备、连接线、备用电池和存储卡等。选用正确的录音设备,并用正确的格式(单声道/立体声)、采样率和量化精度。

5)录音过程注意的事项

(1)消除人为噪声和器材噪声。在同期声录制过程中,除了与画面相关的声音外,通常还会掺杂现场采访录制人员的人为噪声和拍摄器材产生的机器噪声,为了保证同期声质量,我们要尽可能地避免可控的噪声。如主持人手持话筒录音时切忌手与话筒防风罩摩擦,若使用有线话筒需缓慢抽拉话筒线。其次,拍摄过程中摄像机上转动的马达也会产生噪声,摄影师可在摄像机上加装隔音罩,话筒要尽可能接近采访人,远离相关器材。

(2)消除环境噪声。外景拍摄时风声除作为环境音时,有时会成为头疼的环境噪声,给后期编辑造成很大的麻烦。人的耳朵对风声的敏感度远远低于话筒,通常风会吹到话筒的组件,造成低频的噪声。通常会在话筒上加装防风罩,减少风吹噪声。

(3)有效拾取直接声和降低反射声。同期声录制的目的是通过话筒获得清晰的声音,而声音在传播过程中遇到障碍物会产生反射,反射的声音和声源产生的声音混合在一起就会含混不清。话筒放置的位置不同、产生的回声不同,将产生不同的音效,在某一位置上的反射声可以通过悬挂在墙前的毛毯来减弱。对于室内录制,也可以选择在录音室完成。录音室墙壁为专门制作,由均匀分布的小孔组成,可以有效减少声音的反射。

(4)录制环境固有声音。录制环境固有的声音包括远处小河的流水声,路边的汽车发动机声音、内景拍摄时沉默的声音等。在专题拍摄中,特别是纪录片拍摄里,观众希望听到外界的声音,也就是环境的固有声音,这样使节目更真实。但是,如果摄像机在不同角度拍摄,录制的声音则完全相异。因此,不管是内景还是外景拍摄,都需要录一段空音,也就是环境中特定的声音,可以在镜头切换时填充声音空白死角等,为后期编辑提供良好的素材。

2. 同期声的编辑

同期声编辑技术是当前电视新闻节目制作的重要构成元素,通过后期对记录到的拍摄现场声音,如采访背景音、记者问答、现场声效、被采访者语言表述等,进行恰到好处的编辑可以有助于真实反映采访现场,准确传达记者与被采访者的心理活动,从而提高电视新闻采访的真实性,使观众在观看新闻采访时具有更强烈的代入感与参与感。

为了达到理想的声音效果,节目拍摄录制的声音大都需要进行后期的编辑,使用最多的是数字音频工作站,它可以方便地调整声音的音调、均衡、动态范围、混响以及其他处理等。同期声编辑按照节目整体要求,对拾取的声音素材进行必要的整理加工。

同期声的编辑一般分为粗编和精编,粗编是根据分镜头剧本的提示,将有效的声音素材按镜头的顺序组接在一起,如剪辑、粘贴、插入等技术性操作。精编是在粗编基础上进行改动和调整,重点是进行艺术的加工和创作,这是一个艺术的处理过程,需要编辑人员深入到作品中,深刻理解作品的创作意图,保证声音和画面协调一致,声音与主题搭配,增强作品的表现力。由于本书内容主要为摄像,因此同期声的编辑技巧只做简单介绍。

1)去粗求精

同期声记录的都是当时实际情况和被采访人物的原始话音,而这些原始记录往往复杂冗乱。在剪辑时应把多余的字句、含混不清的表达、影响节目表述的嘈杂声以及对表现主体无意义的同期声去掉,保留那些最能体现主题和最能表现人物特点的,以保证电视新闻的清晰和准确。

2)与画面和解说保持统一

同期声、解说和画面相互配合、相互联系,进而构成完善的立体视听系统。同期声和解说词是不同的表达方式,同期声侧重电视新闻观点的权威印证,而解说词侧重全面呈现节目主题内容,它们都是更好地服务于画面,让观众通过语言进一步了解画面内容,加深对画面理解。因此,后期编辑要保证同期声、解说词和画面的内容统一,让观众充分感受到电视新闻的真实性和权威性。同时,同期声和解说词的内容尽量不要重复,应当相互补充,在二者切换时要衔接自然,浑然一体。

3)分清声音主次

一个电视新闻节目通常包括多条音轨,在进行声音预混时,根据节目主题和场景需要,人物对话、音效、音乐和特效要恰当,不要对人物对话产生干扰,突出主要声音弱化次要声音,混合时控制好语音与背景声的音量非常重要。那么什么是主要声音,其一般有三个特征:与画面字幕一致的声音、画面中可清楚看见口型的声音和有重要信息的声音。根据节目主题选定主要声音后,剩下的就是次要声音,主要声音首先要调到统一好的标准电平,而次要声音则需要根据内容重要程度降低 2 ~ 5 dB,而对于一些非常不重要的声音但又不可或缺的,只要提高到耳朵可听见即可,比如一些"嗯""啊"或者是笑声等。

4)加强声音节奏感

同期声和解说词的长短会直接影响声音的节奏感,不论哪一个过长都会导致节奏上的拖沓,在编辑时适当把握同期声的长度,使声音的节奏感更强。

5)保持声音画面的连贯性

在进行同期声编辑中,多选用画外音处理方式,即同期声插画面,使观众在视觉上观看到新闻内容画面时听到同期声内容,这就要确保画面镜头和同期声相互衔接,以免出现同期声和不同场景的强行衔接。与此同时,还需确保画面和同期声衔接上的递进感,提高新闻内容层次性与画面流畅。

6)降噪处理

同期音现场录制时由于录音条件不理想,话筒类型选用不当,话筒布置没有考虑声音辐射特性等因素的影响,使得同期音的质量存在瑕疵,特别是外景同期录音中,环境中存在一些不可避免的外部因素,如附近有机场、工厂或高速公路等。这些噪声对电视现场报道来说可能影响不大,但是对于一些特殊类型的节目就不能被容忍。因此,除了在拍摄前尽量避免各种噪声,在后期编辑时也要利用相关软件和技术来降低噪声。

3. 同期声的应用

同期声的恰当应用能够充分发挥电视新闻专题片的优势,真实地反映录制环境的现场氛围和人物的特点与思想情感,在主题烘托、人物个性展示、现场气氛渲染方面发挥画面、解说和旁白无法替代的作用。

通常,评论性新闻、新闻短消息及述评类新闻节目等可不采用同期声,但对于以下几种场合如果应用好同期声可以达到事半功倍的效果。

1)现场和社会热点新闻

对于记者或新闻当事人正处于新闻事件发生现场时,需要同期声衔接新闻画面,从而更加准确地呈现新闻真实情况,让观众更直观、清晰准确地理解新闻内容,进一步引发观众共鸣。对于社会热点新闻,其与社会大众日常生活紧密相关,如食品安全、信息泄露、垃圾分类等问题,利用同期声更能引起大众注意和关心。但如果大众对新闻事件没有足够深入了解,大量的同期声可能会引起不良的舆论导向,必须同时配有权威专家和当事人对事件进行解说,保证正确价值观导向和引导公众舆论。

2)调查类节目

对于调查类节目,若单纯地靠记者或主持人解说无法让观众真实深入了解问题的重要性,感受传达的主题内容。此时,要将采访过程中被采访者的说话和现场录制的声音与画面同时播放出来,提高调查结果的可信度。

3)人物采访

进行人物采访时,被采访者作为新闻的采访主体,在进行采访时更注重其个人事迹、思想观点、心理活动等个人特征的表现。通过其自身叙述表达,使人物表现更加鲜活,如感动中国十大人物的采访,通过人物的说话语气、声调、表情让观众真实感受人物在平凡岗位不平凡的事迹。

4)纪录片应用

纪录片不同于"剧情片"虚构、娱乐的特性,它对于未来具有一定的文献资料价值,真实是其第一生命,而这种真实性除了真实的画面,还要靠真实的声音。在纪录片的众多视听元素中,同期声成为反映真实性的一个重要元素,是最有纪念意义的,缺乏同期声的纪录片是不完整的。

如上所述,同期声对于提升节目质量和影响力具有重要作用,但是同期声不能胡乱使用,如果应用不当,效果会适得其反。在同期声应用时要注意以下几个方面。

(1)要有针对性和目的性。同期声应用与否、何时用要从整个节目的内容出发,将真实性与艺术性相结合,整体考虑,取最好折中点。在选择同期声时不要杂乱,要紧扣主体、科学剪辑,去除与主体不相符的内容,将表达的内容真实还原;同时注意在同期声中要注意逻辑思维严密,使其与观众认知习惯相符。

(2)作为其他表达元素的补充。表现节目主题有画面、解说、字幕、音乐、音效、同期声等多种表达方式,这些表达元素在节目中相互补充、协调,共同完成整个节目。真实的画面、生动统一的人声、环境声、动作声以及音乐和音效的烘托,最大限度地展现现实世界的真实面目。

(3)与画面镜头连贯统一。同期声通常需要与部分镜头、画面相互衔接,使其内容更丰富,完成声画合一,使观众在视觉和听觉两方面同时得到信息内容。同时要注意同期声所附于的画面是否存在连续性,有的同期声如节日盛典的锣鼓声,同期声应尽量保持连续性,但对于没有整体连续性的同期声,在合适的地方播放会增加现场感。

思考与练习

一、简答题

1.录音前要做好哪些准备?

2. 同期声录制的原则是什么？

3. 同期声有哪些作用？

4. 同期声的编辑技巧有哪些？

二、名词解释

1. 同期声

2. 现场同期声

3. 采访同期声

4. 降噪

三、实践题

自选主题进行电视新闻或纪录片等同期声录制。

第17章
摄像中的分镜头

摄像机从开始拍摄直到停止拍摄之间所拍下的连续画面称为一个镜头,这种镜头是构成画面语言的最小单元。本章主要介绍分镜头的概念与分镜头稿本格式、分镜头稿本设计与分镜头组接原理。

 ## 17.1　分镜头概述

分镜头中的镜头不是指摄像机的光学镜头,而是指摄像机从开始拍摄直到停止拍摄之间所拍下的连续画面。镜头可分为长镜头与短镜头,在节目拍摄过程中,短镜头会加快进行的节奏,容易造成紧张氛围,同时加大了信息的传送量。对于情节紧张的段落会用许多短镜头,一般是3～5 s,有些甚至少于1 s。长镜头和全景镜头可以造成一种不间断的生活流程的感觉,用于了解事件完整性和体会真实感。由几个短镜头和长镜头连接组成的能够表达一个完整意思的一组镜头叫镜头组,镜头组中长短镜头的分布取决于电视节目内容的性质及其表达的要求。电视新闻节目就是将一个一个镜头按照一定顺序衔接起来表达一个完整的节目主题。

镜头是构成画面语言的最小单元,本身并没有完整的意义,如原子是构成一般物质的最小单位或存在形态,只有把它们组合才能表达特定的意义。这就像文字语言,单个镜头就是一个词,不能独立表达意义,难以记录叙述完整的动作和事件,而是要依靠上下镜头的连接来表达。分镜头就是将文字稿本中写出的画面意义,分成若干个可供拍摄的镜头,并按照创作意图,将镜头的内容、艺术特点和摄制要求,在稿本上用文字或图形体现出来,由它们组成镜头组去表现文字稿本的内容含义。在组成过程中,按照蒙太奇构思,从不同的角度,用不同的景别,采取不同的运动图像,拍摄一组完整反映该事件的镜头。而在剪辑时,又要根据该事件的原貌和蒙太奇的要求,将所拍摄的一个个镜头组接起来,还原该事件的本来面目。分镜头的运动和组接跟着生活走,跟着人物定,而不是让生活和人物去接受镜头的规范。

分镜头是导演将整个影片或电视片的文学内容分切成一系列可摄制的镜头,是把文字稿本应用立体视听形象再创作的过程,又称为分镜头稿本。其主要的作用是根据文字或节目主题来设计相应的镜头顺序,并配置音乐音效,把握节目的节奏和风格等。

在电视节目的创作设计过程中,导演负责整个节目或节目某一部分的设计和节奏,通常包含多个连续的镜头,并把这些镜头根据节目情节组织成连续的画面。在分镜头设计中每个镜头有多长? 故事情节如何最好地展现给观众? 动作节奏如何设置才能激发观众兴趣? 这些都是导演必须解决的问题。电视节目的首要衡量标准是视觉上的流畅度,而好的连贯性取决于角色设计、场景变换和移动的协调。分镜头稿本是电视节目计划的蓝图,正是文字稿本变化为分镜头的过程决定了作品主要内容的设计。

分镜头稿本设计广泛应用于电视、电影、MV、动画、电视新闻、广告之中。分镜头设计的任务就是在拍摄之前利用连续的图解讲述一个具有很强逻辑的故事。制作一个完整的作品是一个非常庞大的工程,需要很多人分工合作,而分镜头在其中起到了统领全局的作用。分镜头规定了每个镜头的时间、机位、拍摄内容、景别、台词等内容,是作品前期拍摄和制作的脚本。分镜头不仅规定了每个镜头的内容,同时也包含了画面相对应的人物声音、音效、特效、专场方式等,是后期制作的依据。有了分镜头详细场景内容,就可以合理协调制作队伍工作安排,估算拍摄该作品需要的场景、设备、道具、衣服等,从而比较准确地估算作品完成所需要的费用。

 ## 17.2　分镜头的格式

1. 分镜头稿本的格式

电视新闻节目的分镜头稿本就是依据文字稿本分解出一个个可供拍摄的镜头,然后将分镜头的内容从镜号、机号、景别、技巧、时间、画面、解说、音乐、音效几个方面写在专用的表格上,成为可供拍摄、录制的稿本。如表17-1所示。

表17-1　分镜头稿本格式

镜号	机号	景别	技巧	时间	画面	解说	音乐	音响	备注
1									
2									
3									

1) 镜号

镜号即镜头的顺序号,其根据拍摄剧情的发展将一个个镜头按照发生的先后顺序用数字标出。它只作为某一镜头的代号,拍摄时不一定按照此顺序号拍摄,但后期剪辑时必须按照这一顺序号进行编辑。假如拍摄过程中在某两个镜头之间觉得还需要增补新的镜头进去,不需要更改所有镜号,只需要借用前面一个镜号,然后给增补的镜头加上英文字母就可以了。假如拍摄时觉得某几个镜头的存在多余,需要删减,则只需要把要删除的镜头标明某某镜号不使用即可,避免后期剪辑造成误解或麻烦。

2)机号

影视节目的拍摄过程比较复杂,需要多台摄像机同时工作,然后再做剪辑合成。影视节目的镜头拍摄技法有推、拉、摇、移、跟、甩、升、追等,同时拍摄的摄像机需要编排号码,就是几号机在什么位置,需要拍摄哪一段画面,有专门的记录,方便后期制作,机号代表这一镜头是由哪一号摄像机拍摄的。

3)景别

景别是摄像机与被拍摄对象之间的不同距离,使得被拍摄对象在画面中呈现出的大小不同。为了塑造出鲜明的荧幕形象,稿本设计者根据角色的主次、剧情的发展、观众视觉心理的需要设定镜头的不同景别。景别可分为远景、全景、中景、近景和特写五类。

4)技巧

技巧栏一般用来表明拍摄技巧或镜头间的组接技巧。

5)时间

时间表示一个镜头的长短,即一个镜头画面的时长,一般以秒标明。每个镜头的长短要综合考虑镜头的内容长度、情绪长度和节奏长度三方面要素,并能契合作品风格和观众收视需要,导演综合评估后依靠经验估算每个镜头的时间。

6)画面

画面内容是用文字描述所拍摄的具体画面,更加清楚地表述画面分镜头,叙述该镜头的拍摄背景和时间,即什么时间、角色在做什么、角色什么样的表情、动作什么样、角色之间的关系等。由于大部分分镜头稿本采用无彩色黑白的画面,所以画面内容栏中还需要提醒相关工作人员画面的环境,如白天或黑夜、下雨或下雪以及画面的色彩和角色的光影等。

7)解说

解说部分是对应某一组镜头的解说词,通过语言配合画面全面呈现作品表现内容,更好地服务于画面。

8)音响

音响用于标明镜头中应当出现的效果声。

9)音乐

音乐用于标明镜头中音乐的内容,包括曲子的名称及起始位置等。

10)备注

备注部分用于表明分镜头稿本的格式前九项不包含的内容。

2. 分镜头稿本设计的依据

分镜头设计过程是将文字合理地翻译成画面,但是翻译的难度是如何将文字翻译得更引人入胜。影响分镜头稿本设计的因素很多,下面主要从视觉心理规律、蒙太奇组接原则展开论述。

1)依据视觉心理规律

单个镜头有其自己的含义,若将若干个镜头构成镜头组,往往会产生新的含义,起到单个镜头不能起到的作用,产生出比每个单独镜头更丰富的意义。镜头组接时依据视觉心理的规律,同一个镜头与不同的其他镜头衔接会产生不同的视觉心理,最著名的就是"库里肖夫效应"。库里肖夫为苏联导演,他曾做过一次有趣的实验,他从某一部影片中选了一个演员的无表情的特写镜头,然后依次把他放在一碗汤、一个棺材里面躺着一个女尸和一个小女孩在玩着一个滑稽的玩具狗熊三个镜头前面,如图17-1所示。当把三种不同组合的镜头放映给不知道此中秘密的观众看的时候,效果非常惊人,观众分别感受到了饥饿、悲伤和温情三种不同的情感。这是由于上下镜头的连接,产生了联想的作用,赋予了镜头新的含义。

2)依据蒙太奇组接原则

蒙太奇是法语Montage的译音。它原是建筑学中的一个名词,意思是把各种个别的

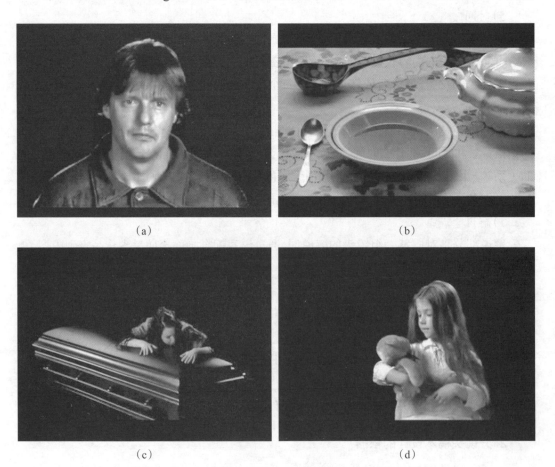

(a)　　　　　　　　　　　　　　(b)

(c)　　　　　　　　　　　　　　(d)

图17-1　库里肖夫实验镜头

不同材料,根据一个总的设计,把它们处理、安装,最后构成一个整体。这个名词后来被借用到电影艺术中来,成为电影艺术的一个术语,有剪辑和组合的意思,是电影导演重要表现方法之一,为表现影片的主题思想,把许多镜头组织起来,使其构成一部前后连贯、首尾完整的电影。蒙太奇贯穿于整个影片的创作过程中,它产生于编剧的艺术构思之时,体现在导演的分镜头稿本里,最后完成于剪辑台上。

库里肖夫在创立蒙太奇理论方面有许多建树。1920年他做了一个很有意义的实验,他把以下五个镜头按次序连接起来放映:① 一个青年男子从左到右走过去;② 一个女青年从右到左走过去;③ 他们相遇、握手,男青年挥手指向他的前方;④ 一幢有宽阔台阶的白色建筑物;⑤ 两双脚走上台阶。这五个镜头给观众的印象是一场完整的戏,大家都认为男青年带着他的女友,走向那座白色大厦。其实,①、②、③、⑤四个镜头是在相距很远的地方,在不同的日子里而且并不按照次序拍摄的,而第④个镜头则是从电影资料里剪下来的,是美国华盛顿的白宫。这个实验证明,两个以上的镜头连接在一起,能产生新的意义。导演可以按照自己的意图,通过镜头的组接,形成能为观众接受、理解的电影语言。

苏联电影导演普多夫金在上述实验基础上,又做了一个成功的蒙太奇试验。普多夫金准备了三个镜头:① 某人在哈哈大笑(近景);② 这个人惊慌失措(近景);③ 一个人手持手枪指着(近景)。普多夫金把上面镜头按下列两种顺序连接:①—③—②和②—③—①分别放映给观众。前一种给观众造成的印象是此人胆小、怯懦,后一种给观众造成的印象是此人胆大、勇敢。同样的三个镜头按照不同的组接顺序,观众的感受截然不同。

蒙太奇的形式多种多样,主要分为叙事蒙太奇和表现蒙太奇。叙事蒙太奇有顺序蒙太奇、平行蒙太奇、交叉蒙太奇和重复蒙太奇等;表现蒙太奇有比喻蒙太奇、对比蒙太奇和心理蒙太奇等。在镜头组接时导演根据剧情发展和观众的注意力和心理选用不同形式的蒙太奇把镜头合乎逻辑地、有节奏地连接起来,使观众按照导演意图正确地了解事情发展过程。

3. 镜头组接

镜头组接就是将影片中一个一个的镜头有逻辑、有意识、有构思、有创意、有节奏和有规律地组接在一起,叙述某件事情的发生和发展过程。在镜头组接的过程中不同的镜头组接方式对视觉形象的表现和叙事结果的表达都有重要的意义。

1)镜头的组接原则

(1)要合乎逻辑。事物的运动状态有必然的发展规律,人们也习惯按这一发展规律去认识问题、思考问题。比如,老师在投影器上放上一张投影片,学生必将想看清在银幕上出现什么图像;运动员拉开弓箭,观众下一步必想知道中靶的情况如何。

(2)遵循镜头调度的轴线规律。遵循镜头调度的轴线规律拍摄下来的镜头,在进行组接时,能使主体物的位置、运动方向保持一致,合乎人们的观察规律。在处理两个以上的动作方向及相互间的交流时,人物中间有一条无形的轴线,摄像机若跳过轴线到另一边进行拍摄,就会破坏空间的统一感,造成方向性的错误。

(3)景别的过渡要自然、合理。为了确保同一拍摄对象的两个相邻镜头的景别组接要合理、顺畅、不跳动,须遵守以下三条规则:

第一,景别必须有明显的变化,否则将产生画面的明显跳动。

第二,景别差别不大时,必须改变摄像机的机位。否则也会产生跳动,好像一个连续镜头从中间被截去了一段一样。

第三,不能同景别相接。因为表现同一环境里的同一对象,景别又相同,其画面内容是差不多的,没有多少变化,这样连接没有多少意义;如果是在不同的环境里,则出现变把戏式的环境跳动感。

(4)动接动,静接静。动接动中的动,指的是画面内主体的运动。如跑动的汽车与蹬着自行车快速通过的人群连接,是动体接动体,就能收到顺畅的效果,但运动的速度和方向不能差别太大。静接静中的静,指的是画面主体的静和画面本身是固定的镜头。静接静和动接动一样,都是利用画面内在节奏的一致性衔接,这样不会觉得突然。

(5)光线、色调的过渡要自然。两相邻镜头的光线与色调不能相差过大,否则也会导致变化突然,甚至会影响观众的注意与思维。

2)镜头的组接技巧

在分镜头稿本制作中,为了使分镜头转换合理流畅,画面逻辑关系符合常理,有效突出影片故事发展情节,常运用多种组接技巧方法。

(1)淡变。淡变又称慢转换或叠化,它是相邻两镜头画面在某一段时间内相互渐变产生的组接方式,包括X淡变、V淡变、U淡变。X淡变表示时间的推移或空间的变化,如溶液的扩散现象,动物植物的生长、事物的运动变化,还可以进行比较、抽象、想象或表示进展等,如从一条真鱼淡出鱼的骨骼。V淡变中两幅画面图像的淡变互不交错且无间断,使两镜头画面有分隔作用,常用于分隔内容,表示段落转换,或表示时间、地点、类别差异等。V淡变不宜使用过多,否则造成停顿感或零碎感,使电视节奏减慢,影响整体结构。U淡变表示时间的长时间跨度,镜头1和镜头2之间插入一段低亮度状态。

(2)划变。划变又称电子拉幕,它是出现下一幅图像的界线并推去前一幅图像的变换方式,包括圈入圈出和划入划出。圈入圈出是划变图案的边界形成一个封闭图形,例如圆形、菱形等,通过图形边界的扩散或收缩实现两幅图像的变换,常用来表示插入一段叙述或表示时间、空间的变化等。划入划出的划变图案是一直线或折线,用于对比或表示时间、空间变换等,镜头转换采用划变技巧,可使节奏加快。

(3)甩切。甩切是一种快速闪动镜头,让观众的视线追随快闪画面转移到另一个场景,适用于非常快节奏的画面。运用这种技巧,可以使观众有一种不稳定感或强烈感。

(4)定格。定格是将当前画面的主体动作突然变成静止的状态时,紧接着出现下一个镜头,这个静止的时间给人视觉的停顿以突出某个要强调的关键点。在制造悬念、强调画面意义或强调视觉冲击感时,常用定格技巧组接镜头,定格时间不宜过长,起到强化作用即可。

3）镜头组接的转场方式

时间、空间发生了变化的镜头画面要组接在一起不是容易的事,除上面所用的技巧组接外,也可用切换的方法。

(1)利用动作组接。随着时间的推移,事物已变化发展,这样可利用事物变化发展中的一些动作作为组接点。比如小孩已长成大人,可以用这样两个镜头组接:小孩走路,从全景推至走动着的脚,从走动着的脚拉出一成人在走。这是电影惯用的一种组接方法,实际上很多有动作性的镜头,都可作为转场的切换点。

(2)利用出入画面组接。表现主体从甲处到乙处时,为了省略掉从甲处到乙处的中间过程,可采用走出画面与走进画面的方法。这时应注意保持进出方向的一致性。另外,还得选定合适的剪接点,如走出画面时,不要让主体完全走出画面;而走进画面时,也不要从全空的镜头开始,而应从主体已进入画面一点的地方开始,这样就收到特别流畅的效果。

(3)利用物体组接。同一物体、同类物体或外形相似的物体,都可以作为转场衔接的因素。类同的或相似的物体用作转场衔接也是非常自然、顺畅的。

(4)利用因果关系组接。这是一种利用观众的心理因素来连接镜头的方法。观众总希望看到由某些原因引发出来的结果:比如,眼睛在注视的镜头,应连接被注视的东西;拿起照相机在拍照的镜头,接着应出现被拍摄的景物;举起手枪瞄准的镜头,则应连接手枪所瞄准的靶子等。

(5)利用声音组接。利用声音,包括语言、音响和音乐,能把两个或多个镜头有机地连接起来,从而收到流畅的效果。

(6)利用空镜头组接。从一个段落过渡到另一个段落时,可以利用空镜头组接。比如,一体育教学片中第一段讲篮球训练,而第二段是排球训练,中间用一个蓝天的空镜头,从篮球场转到排球场,这样就比较自然顺畅。

(7)利用主观镜头组接。借用人物视觉方向的改变来转场,如一个人看向远方的高山,到看向近处的树木,多用于大时空的转换。

(8)利用特写镜头组接。利用景别的特写镜头,将观众的注意力集中到特写画面上的某一人物表情或具体一件事物上时转换场景,使观众没有断层感,影片观看更流畅。

4. 镜头的声画结合

影视是视听的艺术,也是声画的艺术,观众观看影片时眼睛和耳朵两个器官会在第一时间接收信息,耳朵和眼睛还略有不同。当眼睛注视一个方向时,耳朵可以听到来自任何方向的声音,只要声音足够强,就可以有效吸引眼睛的视线。一部影片是视听信息的综合展现,视觉信息包括镜头和镜头组合以及总体所含的信息,听觉信息包括解说词、音响、音乐所包含的信息,一部好的影片是视觉信息和听觉信息的有机融合和完美配合。镜头的声画结合可以从以下几个方面着手。

1）解说词的再加工

解说词的再加工主要体现在解说词配合画面的位置上下功夫和解说词的质和量上下功夫。

（1）在解说词配合画面的位置上下功夫。解说必须配合画面，必须在位置上与画面相对应，才能真正发挥解说词的补充、提示、概括和强化作用。解说词与画面相对应有几种不同的处理方法：① 解说词与画面并行发展，解说词随着画面的出现，同步进行解释、补充画面的具体内容。② 解说词放在一组镜头画面的开始，这种解说词往往是起提示的作用。③ 解说词放在一组镜头的结束阶段，这种解说词是在对画面进行概括与总结。解说词要与画面在位置上严格对应，在写画面与解说词时，就应考虑画面要有适当的长度。没有实质内容的画面，去配合滔滔不绝的解说词，也显得空洞没有说服力。

（2）在解说词的质和量上下功夫。解说词既要考虑在位置上与画面的配合，又不能由于照顾配合把其弄得支离破碎。因此，在考虑对应、配合的同时，要在解说词的质和量上认真下功夫。

2）音响与音乐的运用

（1）音响效果声应用。音响包括自然界的声响、机器的音响和人的非语言音响等。风声、雷声、雨声、波涛声、流水声、动物叫声等都是自然界的音响；汽车、火车、飞机、车床、打桩机等发出的声响都属机器的音响；人们的笑声、哭声、心脏搏动声等都属人的非语言音响。音响效果声能增加画面的真实感，揭示客观事物的本质，帮助观众认识客观事物的规律，扩大与加深画面的表现力。

音响效果声还能起烘托环境气氛的作用。

① 效果声与画面同步出现和消失。

② 画面没有声源，只听到画外的音响。如夏夜的虫鸣声、蛙叫声，在画面上始终看不到虫和蛙，也没有必要看到，因为这声响已烘托出了这一环境气氛。

③ 画面出现声源，一般包括效果声导前和效果声延伸。

（2）音乐的应用。音乐是具有感情色彩的，能奏出喜、怒、哀、乐、舒缓、紧张等各种曲调。因此使用音乐，可以给镜头画面作情绪上的补充，使观众在感情上受到感染，加深对画面内容的感受和理解。

（3）声音的混合。声音的混合使用必须和谐统一，相互协调。同一时间内，只能突出一种声音，否则几种声音都一样响，就会互相干扰。解说是一种最主要的声音，应处于主要地位，在任何情况下都不应压低解说的声音而让其他声音突出。

思考与练习

一、名词解释

1. 分镜头
2. 分镜头稿本
3. 蒙太奇
4. 镜头组接

二、实践题

自选拍摄题材,设计分镜头稿本,并根据稿本拍摄,整理素材,利用相关软件进行简单剪辑。

第18章

专题摄像

摄像艺术具有比较高的综合性，不仅要摄像人员掌握摄像机的操作技巧，更加需要熟知视觉艺术规律以及摄像艺术特点，能够根据不同的摄像内容灵活采用不同的摄像艺术手法。本章主要介绍常见的专题摄像，如纪实性专题、新闻性专题、广告性专题、科普性专题、音乐短片（MV）等专题摄像的特点和拍摄方法。

 18.1　纪实性专题

1. 纪实性专题定义

纪实性专题主要是反映和记录人们的真实生活，用来制作纪实性电视专题片或纪录片的一类题材，这类题材的摄像往往要求较高的拍摄技巧。纪实性专题摄像拍摄的主要题材为真实存在的人物、事件、场景等，其内容不能有虚假编排性，要具有真实可靠的特点，主要是借助相应的拍摄技巧来拍摄，在后期运用制作技巧对作品加以润色，能引起观众内在情感共鸣。

2. 纪实性专题摄像的特点

1）真实性

真实性是纪实性专题摄像的最大特点，这是因为该类作品选题和选材都是真实存在的人物、事件，是现在进行时态下对客体对象的原生形态进行真实记录，再现事物发展逼真过程的专题片，其内容真实、场景真实、情节真实、结果真实。因此摄像中不能虚构，不能搬演。

2）积累性

纪实性专题片一般需要有较大的时空跨度去表达主题思想，在一定的时间积累中为观众提供某个阶段的纪实过程。因此，摄像中也应该通过较长的时间积累和纪录动态过程来积累素材。

3）纪录性

纪实性专题片注重按照生活的流程进行拍摄，强调拍摄过程与事物发展变化同步的效果，展示生活事件原本的过程，这种过程是未曾处理的原生态生活，是对一段真实时空的现场记录，体现了事件发展的流畅性、连续性。

4）艺术性

虽然纪实性是纪实专题片的重要特征，但纪实性专题摄像也不排除艺术性。为了更好地表达纪实性专题摄像的特定文化和审美元素，纪实性专题摄像也讲究营造一定的艺术性，如物象的造型、人物的品质、场景的优美等，这些艺术性元素是纪实性专题片不可或缺的审美元素。

3. 纪实性专题的拍摄技巧

1）结构统筹，策划文案

一部优秀的纪实性作品需要好的专题片结构作为基础，才能让故事主题更为完整、清晰、有条理地呈现出来，并激起观众内心情感，使其体悟到美的享受。因此，在正式拍摄片子之前，要对作品结构进行统筹规划，要准确把握好片子主题条理与内在间的关系，合理安排事件叙述过程，使片子的各个环节都能紧密相连。为此，摄像师要认真研读策划文案并保持与编导的密切沟通，把握编导的思想和创作意图，在此基础上写好分镜头稿本，注意不同场景和镜头切换以及画面调度的逻辑，同时设计片子的拍摄风格。

2）熟悉拍摄对象，准备相应器材

做好上述统筹工作并确定片子拍摄风格以后，要尽快熟悉拍摄对象，要了解拍摄地区、行业和拍摄对象的各种情况（如少数民族地区、宗教信仰人群、危险矿井等）。摄像师要深入拍摄现场，认真勘查拍摄现场、熟悉技术因素，尽可能事先接触拍摄对象，并准备好相应的拍摄器材，如摄像机、电池、录音话筒、照明灯、电缆、三脚架等。

3）综合运用各种镜头拍摄

拍摄纪实性专题作品，镜头的综合运用非常关键。拍摄时，固定镜头和运动镜头要交叉运用，不仅要善于运用长镜头，也要适当运用蒙太奇的手法。同时，镜头的拍摄还要遵循几个原则：真实、深度、美感、情感。真实，就是尽可能地将事件真实还原出来，不管是固定镜头还是运动镜头，都能真实完整地表达事件。深度，就是摄像师要注意运用镜头语言引发观众的思考，让观众透视镜头背后所蕴含的思想，给人启迪。美感，即镜头艺术美的呈现。虽然纪实类专题摄像以呈现真实事物为主，但拍摄时仍应适当融入艺术美，让人们在观看过程中能够体验到视觉画面的美感。如摄像师可借助长镜头拍摄技巧，来刻画一些细致的人物场景，或是改变光线等，以富有美感的镜头来吸引观众注意力，激发观众观看兴致。情感，就是要求摄像师在选取场景时应对观众的观看需求加以考虑，选取能够抓住观众情感认同的镜头。

4）光线运用

纪实性作品拍摄尽可能用自然光线，但有时在一些活动现场只依靠自然光进行拍摄并不稳妥，因为光线的亮度、角度可能都不能完全满足拍摄需要，此时可利用一些补光设备进行现场布光，如前所述，根据拍摄需要，进行三点布光、区域布光或连续动态布光。

5）画面构图

纪实性专题摄像的画面构图以稳为主，多采用静态构图，也可以适当采用动态构图。总的来说，纪实性专题摄像的画面构图讲究段落的完整，不讲究单一的完整。也就是说，当构图的完美性和叙事的完整性相互冲突时，只要保持叙事的完整性就可以了，这种叙事的完整性，有可能就是对话的完整性。因为通常生活下，当一个对话正在继续的时候，我们的目光不会游离于对话方的，如果这个时候，我们的摄影机改变了景别或方向——只是为了构图的完整，就会失去"真实"的感觉，更像一场"扮演"的对话。这就不是"纪实性"构图的艺术追求了。同时，纪实性摄像的场面调度概念不强，机位的设置也是灵活机动的，画面处理强调真实，所有强调唯美的设计都要服从"真实性"的要求。

6）细节的记录

纪实性专题非常重视细节的表现。细节可以使人物显得丰满、完整，有助于对纪实性专题主题思想的深化。在摄像中，摄像师把握整体设计和风格的同时，一定要注意形象生动的细节的抓取。

4. 纪实性专题的拍摄手法

1）交友拍摄

纪实性专题摄像的拍摄手法有多种，但是最能表现其艺术性以及真实性的方法就是交友拍摄，这也是目前拍摄纪实性专题片的一种有效手段。所谓交友拍摄，主要是指在正式拍摄前，和被采访对象进行深入的直面沟通和情感的交流，能够让双方初步认识，缩短彼此间的距离感，从而培养一定的情感。经过交流之后，可以在一定程度上消除被采访对象面对镜头的戒备心理以及陌生紧张感，让被采访对象能够尽可能处于一种相对自然、放松的状态下，使其将自己内心最真实的想法和情感表达出来，只有这样才可以使摄制人员拍摄到的画面更加客观、生动和自然。实际上，拍摄不单单是一种技术，也是一种艺术，更是一种情感的交流，特别是在纪实性专题摄像的过程中，被访问人物和摄制人员之间一定要坦诚相待。只有双方之间建立信任，才可以将彼此的禁忌消除，从而使纪实性电视专题片的拍摄具有事半功倍的效果，使拍摄人员捕捉到的镜头是最客观的、最真实的，也是最感人的。如弗拉哈迪拍摄的《北方的纳努克》，还有张以庆拍摄的《幼儿园》都是采用了交友拍摄的手法。

2）跟踪拍摄

纪实性专题摄像既要体现被摄对象的现实生活，也要表达和反映一定的现实社会。但是由于有些事件具有突发性，被拍摄对象有时也不可预测，事件和人物也会不断发展，这种变化使得摄制人员无法进行人为干涉,为了确保影片整体内容的真实性,突出整个事件的重要情节,理清整个事件的发展脉络,摄制人员一定要在现场实时跟踪拍摄。有的纪实性专题片也应该带有一些细腻、感人的细节,摄制人员只有长时间在现场认真、仔细地观察,随时抓拍或者跟踪拍摄的情况下才可以通过镜头将这些感人的细节淋漓尽致地表现出来。纪实性纪录片《马班邮路》中,创作者就采用了跟踪拍摄的手法,记录了父子二人一路的艰辛,从盐塘镇到泸沽湖的邮路长达180多公里,来回一趟需要6～8天,作者扛着摄像机,一路跟拍父子二人。

3)旁观拍摄(客观纪录)

旁观拍摄的方法要求拍摄者尽可能少地干扰拍摄对象,尽量保持一种从旁观察的态度。拍摄对象对拍摄者"视而不见";这种方法源于20世纪80年代的"跟踪记录"手法;但是,旁观的拍摄方法不等于长时间的跟拍和长镜头。旁观拍摄要求克制追求形式美的冲动,宁取摄影、剪接的朴素,而不雕琢。

 ## 18.2 新闻性专题

1. 新闻性专题的定义

新闻性专题是在新闻现场利用摄像机将新闻事件通过图像语言真实再现给观众的一种摄像和报道形式,属于新闻的一种。新闻性专题摄像一般为电视台的新闻节目提供素材,或者进行直播。新闻性专题摄像的任务有两个,一是即时挖掘、捕捉那些能够体现、反映、说明或揭示对象事实新闻价值的情景;二是运用恰当的画面构图和合理的摄像技巧使对象事实的新闻价值和特点得到充分的反映和表现。

2. 新闻性专题摄像的特征

新闻性专题摄像不同于艺术摄像,这是由新闻摄像自身的特点所决定的,新闻性专题摄像具有如下四个特征:

1)真实性

新闻需要如实报道,拍摄对象与场景都是真实存在的,新闻摄像应该如实反映新闻现场的情况,通过拍摄现场的典型画面真实再现新闻事件的过程。新闻摄像作为新闻的第一见证者,通过镜头将新闻事件记录下来,比传统的文字新闻更加及时、真实和生动。

2)时效性

时效性也称即时性,是新闻的重要特性,是新闻的生命力之所在,也是新闻摄像必须遵循的重要原则,它强调新闻传播的迅速性。为了做到能在第一时间将画面播报给观众,摄像过程中的机位都各司其职,很少有多余的移动,这样拍摄出来的画面才能够最大限度地降低剪辑师的工作量,提高新闻制作的效率。新闻直播可谓是时效性最快最强的。

3）现场性

新闻摄像往往伴随着新闻事件的产生而播报，因此，其画面呈现一定要使观众犹如身临其境，这就要求拍摄者以合适的角度寻找突出的画面，将现场的真实情况如实呈现给观众，不得任意删减及处理图像。

4）灵活性

电视新闻现场拍摄和即时性的特点，也意味着拍摄情况的不可控，想要捕捉到有价值的新闻画面是需要经验与运气的，这需要摄像师快速的反应能力，很多珍贵的新闻画面都是"抢""抓"或者"等"出来的。因此，新闻拍摄任务受到条件限制时，摄像师也可能需要临场应变，在中途改换原定计划，进行灵活地取材和取景拍摄。

3. 新闻性专题的拍摄手法

新闻性专题摄像一般采用抓拍、跟拍、补拍、偷拍和长镜头记录拍摄等方式进行。

（1）抓拍。是在采访的基础上根据事实和传播意图的需要，由摄像师在现场审时度势、灵活机动地处置现场情况，以快速敏捷的动作摄取真实、自然、生动、有说服力的画面。挑、等、抢是抓拍的基本方法。

"挑"，就是挑选、选择，是指摄像记者通过深入生活，在对新闻事件现场的复杂场面进行分析、判断、概括和提炼的基础上挑选最能反映新闻价值的典型画面和拍摄时机。

"等"，就是等候，就是根据拍摄目的随时做好准备，在新闻现场等待拍摄富有表现力和新闻价值的画面。等，需要摄像师有耐心有预见性，不能盲目等待。

"抢"，就是在新闻现场一旦发现事件发生出现典型的、高潮的或富有新闻价值的画面，就迅速准确地抢拍下精彩的新闻镜头。如会议中的举手表决、揭牌剪彩、突发的事件等，都要在瞬间准确无误地拍摄下来。

（2）跟拍。与纪实性专题摄像的跟踪拍摄类似，新闻摄像中也需要对新闻事件和新闻人物进行跟踪拍摄，当然拍摄过程中不能干涉新闻人物，要注重新闻要素，如时间、地点、人物、事件、原因以及发生过程等要素的拍摄，以确保新闻事件的情节和细节。

（3）补拍。补拍在新闻性专题的拍摄中经常用到，一般用于静态新闻的拍摄。无论拍摄何种类型的新闻，都应该一次完成，特别是动态新闻的拍摄，事过境迁，一次拍摄不成功，再想补拍是不可能的。但是如果遇到以下几种情况，可以考虑适当补拍，一是技术性失误，如录像机故障或者存储卡故障导致无法导出视频或者视频画面信号不好；二是人为失误，导致该拍的内容没有拍到；三是在后期制作编辑中发现需要补充的内容。需要注意的是，补拍是不得已而为之，要注意补拍的内容和画面必须要和原来拍摄的内容画面一致，否则就不能使用。

（4）偷拍。是抓拍的一种特殊形式，是在被拍摄对象不知情的情况下用隐蔽摄像机进行拍摄的手法。这种拍摄方法上溯到20世纪20年代苏联的"电影眼镜"派，以不暴露摄像机、隐秘摄取人物形象为特点。一般在反映社会问题题材的新闻中运用较多，例如揭露不法分子的行径、批评社会不正之风等。偷拍一般采用设定好的镜头视角,采用隐蔽的机位,在被摄对象无法发现的地方和角度进行拍摄。一般都采用长镜头方法拍摄。但偷拍要注意法律和道德的界限,要做好几个区分,一是区分自由场合还是非自由场合,二是区别偷拍的群体还是个体,三是区分偷拍目的是为维护公共利益还是其他私利。

(5)长镜头拍摄。加大了单一镜头内的表现容量,可将被摄人物、动作、周围环境以及事件发展的过程一同收进一个镜头之中。这种拍摄通过摄像机连续记录,可以保持情节、冲突和事件的时间进程的连贯性,再现现实事件的自然流程,使画面造型表现更具有真实感和客观性。

4. 新闻性专题的拍摄技巧

1)做好充分的准备

拍摄新闻专题之前,摄像机要对拍摄任务进行规划,做好充分的准备;首先要了解相关情况,熟悉拍摄对象和场地,进行调查研究,与编辑讨论拍摄提纲等。既要熟悉整体结构,又要把握细节。做好机位的设置,一般用三个机位两个景别就可以,记者采访时只对着采访者,镜头切换简洁,不需要多余的移动。这样对于观众来说是最客观的视角,也是对新闻现场最真实的还原。

2)认真拍摄每一个镜头

摄像师必须认真拍好每一个镜头,对每个镜头应该使用什么机位、什么景别、什么技巧,都应该心中有数,尤其在会议、演讲等新闻专题中,对会议全景、中景、近景和特写镜头都应该拍到,拍摄一些条幅、会标、会议过程中的典型性瞬间,还要注意多拍一些台下的观众,或者一些空镜头,以便后期编辑时需要。

3)拍摄足够的间隔镜头

间隔镜头,是指在新闻事件中持续一段时间或者能够将两个阶段间隔开来的镜头。在新闻节目中,往往用3分钟的时间报道一个新闻,此时就需要压缩新闻事件的时间,但为了保持新闻中人物、动物的完整或事件的连续性,就要用间隔镜头来实现。因此,新闻摄像中应该多拍一些间隔镜头。

4)注意声音的完整性

声音是新闻摄像的重要组成部分,新闻现场的声音包括多种元素,如报告、演讲、音乐、音响甚至现场的风雨声、人群的嘈杂声等都是。特别是会议类新闻中重要领导的发言、与会者的掌声等都需要在现场进行拍摄,有些关键的现场同期声要摄录完整,让声音能够满足画面时长的需要。

 ## 18.3 广告性专题

1. 广告性专题的定义

广告性专题是用摄像的手段对某种商品、服务进行拍摄,表现其外观、结构或质量,以吸引消费者或者激发其消费欲望的艺术形式,一般投放在电视、网站和手机等媒体上。作为大众的媒介工具和形式,广告摄像既能反映商品或服务的形象、性能、特征,又能用摄像艺术的表现手法使商品或服务更富有艺术感染力,从而达到推销和宣传的目的。

2. 广告性专题摄像的基本特点

广告摄像具有商业性、艺术性、针对性和创意性等特点。

(1)商业性。商业性是广告摄像的根本属性,广告的目的都是宣传和推销商品或服务,吸引潜在的消费者注意或激发其购买欲望。广告摄像是用于商业、文化、社会观念广告推广用途的影像形式,用影像手段完成广告诉求与创意。

(2)艺术性。广告摄像传递的信息是一种"艺术"化的表达,是在艺术的欣赏中获取信息。与商业性相比,艺术性是它在理念上追求审美的艺术表现和文化内涵,在视觉上力求醒目逼真,形式上具有新奇的个性色彩。

(3)针对性。广告的受众是顾客,因此广告摄像要针对潜在顾客人群的需求呈现,通过视觉传达宣传对象,表达被摄对象的重要内涵与特征,体现广告摄像的价值与生命力。

(4)创意性。创意是广告的生命力,商业广告摄像首重创意,没有创意的广告摄像只是对商品本身的直观表述,没有灵魂的肉体是没有生命力的。广告摄像的创意设计,是服务于广告总体创意的,它以摄像艺术为手段,使创意意象转化为直观的生动形象。这种"转化"不是对意念的直解,而是以生动感人的艺术形象去传递广告信息。

3. 广告性专题制作流程与摄像技巧

影视广告的制作有固定的流程,一般要经历分析客户需求,明确广告定位、资料收集、做好拍摄准备、召开制作准备会、拍摄检查,然后进行拍摄和后期制作。

1)明确广告定位思想

在着手拍摄前,广告摄像首先要研究广告产品的特征、用途与功能,以及受众和潜在的顾客群,以便确定拍摄的构思、表现角度与表现风格。因此,收集资料是最基本的工作,除了要收集商品本身的资料外,还要收集与商品相关的资料。要对广告商品的名称、功能、特性、用途等进行详细了解,还要对其原料、生产过程、同类商品竞争情况、市场占有率和销售对象、用户体验、广告诉求对象以及过去的广告等进行充分地把握和分析。

2)做好拍摄准备

确定了广告定位以后,在此期间,制作公司还要就制作脚本、导演阐述、灯光影调、音乐样本、堪景、布景方案、演员试镜、演员造型、道具、服装等有关广告片拍摄的所有细节部分进行全面的准备工作,以寻求将广告创意呈现为广告影片的最佳方式。

3)召开制作准备会

广告公司就影片拍摄中的细节向客户呈报,客户选择方案并确认,如果某些细节无法确认,则需要再召开一次制作准备会或最终制作准备会,直到所有方案最终确认。

4)拍摄前检查

在进入正式拍摄之前,制作人员对最终制作准备会上确定的各个细节进行最后确认和检视,以杜绝任何细节在拍摄现场发生意外,确保广告片的拍摄完全按照计划进行,尤其要注意场地、置景、演员、特殊镜头等。

5)摄像技巧

(1)广告摄像的构图技巧。广告摄像的构图技巧比较多,但最终也是每个画面构成的,所以保障画面的构图完美是比较关键的。这就需要从受众接受角度进行考虑,将画面构图简单化,使画面的主体鲜明突出。保障构图画面均衡,才能从视觉上比较舒服和谐。但是有时为能够表达特殊含义,也会进行反均衡方法的应用,从动感上进行冲击。

(2)广告摄像的镜头运用。为了凸显商品的特性,广告摄像中会大量使用运动镜头,尤其是使用跟镜头、摇镜头和变焦镜头来拍摄画面。跟镜头使处于动态中的主体在画面中保持不变,而前后景可能在不断地变换。这种拍摄技巧既可以突出运动中的主体,又可以交代物体的运动方向、速度、体态以及其与环境的关系,使物体的运动保持连贯,有利于展示人物在动态中的精神面貌。摇镜头的作用将场景和商品进行逐一地展示,能达到拉长时间、空间的效果和给人表示一种完整印象的感觉,有利于表现广告商品的结构和质量。变焦镜头采用匀速推进或者拉远,要一次性完成广告片的拍摄,而不是一下子近一下子远,这会严重影响拍摄效果。

(3)光线的运用。在影视广告的拍摄中,对光线技巧的应用也是比较关键的,优秀的影视广告作品在光线的处理上就比较到位,通过光线能够呈现出整个画面的美感,再和构图进行结合,就能提高整个影视广告的拍摄效果。当然,广告类型的不同对光线的选择应用要求上也有着不同。如对洗发液广告的拍摄中,对光线的亮度需求就比较大,在光度的选择上不仅要能够符合实际的审美需要,也要能保持真实性,这样才能将影视广告的真正效果良好呈现。

(4)色彩技巧的应用。对色彩的应用也是提高影视广告质量的重要手段。色彩有心理和情感作用,影视广告通过色彩对人的心理影响达到表达内容的目的,观众从广告当中最先感受到的是色彩,这是情感传达的最为直接的元素,所以在影视广告的拍摄中,色彩要和广告主题、产品形象相符,并且要保持前后一致的色调和情绪。色彩处理要简洁精练,可以用滤色镜和控制白平衡的方法来制作特殊的色调和氛围。

 ## 18.4 科普性专题

1. 科普性专题的定义

科普专题片是指充分发挥电视和网络的传播功能,应用视频技术和艺术手段,向广大观众传播科学文化知识,传播具有较强科学性、知识性和观赏性的专题影片,其内容涉及自然科学和社会科学的广泛领域。科普专题片摄像就是为了制作科普专题片所进行的摄像,要求运用影视艺术手段,准确通俗、形象地介绍相应的科学知识,做到科学性与艺术性的有机结合。

2. 科普性专题摄像选题原则

科普性专题片的基本价值在于科学知识的普及,因此其选题非常重要,好的选题甚至比创作本身更重要。一般而言,科普性专题片要遵循以下四个原则:

科学性原则。科学性原则是科普性专题片拍摄的根本出发点。它要求专题的内容要符合科学事实,始终贯彻科学精神,不存在知识性错误。

创新性原则。摄像师要选择一些当前社会生活中新奇的具有时代气息、与时俱进、能够引起观众兴趣的内容进行拍摄,这样的选题显得更有价值和生命力。

可行性原则。科普性专题片重在向观众传递和普及科学知识,科普性专题片的创作离不开生活,因此创作人员在选题时要深入生活,捕捉与观众生活关系密切的题材,发现群众需要迫切解决的问题,然后进行创作策划,策划的方案必须具有可执行性,要充分考虑专题片的拍摄条件和可能性。

针对性原则。科普专题片是给广大群众看的,人民群众的文化层次、科学素养和欣赏水平也不一致,每个群众对观看节目的需要也不一样。这就要求科普专题片的选题要针对一定的受众范围,其创作要讲究"贴近群众、贴近生活、贴近实际"的三贴近要求。

3. 科普性专题摄像技巧

科普专题片摄像一般要对科学领域的具体知识给予集中深入地拍摄,因此拍摄中经常运用以下技巧:

1)使用固定镜头拍摄

科普性专题片摄像要表现科学知识,聚焦于某个特定的事物来介绍其形状结构、色彩质感或者其他静态视觉特征时,使用固定镜头拍摄会获得良好的效果,可以让观众通过摄影机去"静观"拍摄的主体特征和事物的原貌,不会受到镜头画面本身的引导和强制,有利于表现事物的细节特征和客观性。

2)使用短镜头拍摄

短镜头指的是拍摄时长较短的镜头,与长镜头擅长叙事功能相反,短镜头由于其时长短叙事功能弱,但其节奏快信息量大。一般的科普片画面多,视觉信息量大,因此需要通过多个短镜头的组接才能实现科普专题片的这个特征。

3)合理运用特写镜头拍摄

科普专题片中往往有很多表现科普知识的细节镜头,如在动物专题片中有一些表现动物某个部位结构特征的画面,这就需要运用特写镜头进行拍摄,具体拍摄中往往使用高倍焦距镜头对准动物的某个局部进行拍摄,给观众以细致观看画面的强烈视觉感受,起到强调刻画的作用。

4）镜头的运动要平稳

科普性专题片中经常也会使用运动镜头进行拍摄，运动镜头有利于表现事物的运动变化过程，有利于表现科学原理，引发观众好奇心。比如，推镜头能够从不同的视角突出主体和重点，强化观众的观看动感。不管使用哪种运动镜头拍摄，都要把握运动的节奏，保证运动镜头的平稳性。当然，特殊情况下的镜头运动，如拍摄天体或者模拟人在太空时的失重状态时应该符合科学原理，镜头的运动反而不能平稳，要有急推急拉或震颤的效果等。

5）合理运用特殊摄像

科普专题片由于选题范围广泛，涉及多个领域，当遇到一些特殊的拍摄专题时，其拍摄条件和拍摄场所也比较特殊，如拍摄海洋生态专题片时要用到水下摄像；拍摄太空、星体的运动时，会用天文望远摄像。遇到特殊的拍摄专题时，要根据科普专题片的内容和稿本，做好充分准备，合理运用特殊摄像拍好素材，有时相同的素材多拍两次，便于后期编辑时进行选用。

 ## 18.5 MV摄像

1. MV摄像的定义

MV即音乐短片（Music Video），有人也称为MTV，是指与音乐（大部分是歌曲）搭配的短片，是把对音乐的读解同时用电视画面呈现的一种艺术类型。现代的音乐录像带主要是为了作为宣传音乐唱片而制作出来的，即使音乐录像带的起源可以追溯至很久以前，但直到20世纪80年代美国音乐电视网（MTV）成立之后音乐录像带才开始成为现今的样貌。MV中音乐和画面融为一体，但音乐是主，画面为辅。

2. MV摄像的技巧

MV的摄像创作导演应对整部片子的摄像基调有一个基本设计，摄像风格也要有明确的定位。MV的摄像与其他普通摄像相比，更加讲究运动感，更加讲究节奏与韵律美，画面的构图更为精美，更为艺术化。MV的镜头强调意境与感染力，情绪镜头占了绝大部分，经常采用夸张的拍摄手法，传统摄像的一些基本定律和方法有时并不适用于MV的拍摄，为了达到追求视觉形象冲击力和动感效果，有时采用摇晃、抖动等镜头或者非平衡性、不稳定的画面构图。

1）MV的取景与构图

MV摄像创作中，景别是一种最重要的视觉语言形式。景别运用规律是导演最重要的叙事要素，也是摄像师需要优先考虑的视觉营造手段。MV中的景别由远、全、中、近、特五种景别构成，但是中景和特写被大量使用。大全景仅仅是过渡景别，有时用来抒情，表现心情开阔的状态,远景则使用较少。本书中,我们仅介绍常用的中景和特写。

中景适合表现动作、情感,因此中景被频繁地使用在MV中,用来表现歌手的动势和幅度,强调歌手的情绪。如周杰伦的MV《双节棍》中使用了很多中景镜头,就是为了表现周杰伦耍酷的动作和节奏。

特写是MV中最常用的景别之一,MV中的特写与一般的影视作品不同,其特写在构图上不只取其完整与平衡,而且强调局部的描写与夸张。MV中的特写往往追求动感和视觉的强烈冲击力、局部细腻的变化、瞬间的表情状态等等,MV通过多个特写镜头的快切,表达歌手的情绪变换。如迈克尔·杰克逊的MV作品中使用了很多特写镜头的快切,速度很快,表达了他的情感宣泄。

MV的构图经常打破传统的水平稳定构图方式,创造非均衡感,更多讲究视觉的冲击力与张力,采用垂直构图、斜向构图、曲线构图,有时也可能采用黄金分割构图。

2)MV的动态摄像

MV的动态摄像主要包括两个方面的含义:一是被摄主体即歌手的运动状态。歌手的运动状态通常是歌手在演唱过程中随着情绪的高涨或亢奋而随机表演的动作或者伴随演唱的舞蹈等。被摄主体内心的情绪、外在的激情,在歌唱时会随着音乐的跌宕起伏而发生变化,这种有时会体现为一个连续摄像运动过程,摄像师要熟练掌握运动拍摄的技巧,准确地捕捉歌手的运动过程;还有一种运动状态,歌手会沿着导演或剧情规定的路线进行运动表演,此时摄像师需要采用跟拍的方式拍摄歌手。二是采用运动镜头拍摄歌手,包括推、拉、摇、移、跟、甩、升降以及综合镜头。MV强调运动,注重突出视觉镜头的运动节奏。

移动镜头拍摄的视觉效果就像一个人用移动的视线在动态环境下关注歌手的表演和演唱。MV在移动镜头的处理上与其他专题有所不同,因为歌手总在不断运动状态下,所以移动镜头既是歌手表演的艺术记录,也好像是一名观众用客观的眼光在欣赏歌手。

推拉镜头在MV中也有所应用,但一般用作辅助镜头,推镜头主要是通过景别的过渡来强调歌手或被摄对象的某部分或某一特征,突出主体目标,明确所要表现的主体;拉镜头主要是用来交代故事发生的环境以及展示歌手的活动空间特征;同时由于拉镜头保持了时空运动的连贯性,以及景别递进变化的层次感,其节奏由紧到松,画面逐渐展开,豁然开朗,因此可以起到宣泄感情的效果。

跟镜头是MV中使用最频繁的镜头,又称"跟拍",摄像机跟随歌手运动拍摄连续的画面。跟镜头可连续而详尽地表现歌手在行动中的动作和表情,既能突出运动中的主体又能交代动体的运动方向、速度、体态及其与环境的关系,使动体的运动保持连贯,有利于展示歌手在动态中的精神面貌。

利用升降镜头拍摄MV是很常见的,升降摄像运动平稳流畅,更加具有音乐性,也更加具有节奏感。在音乐节奏的伴随下,升降摄像与音乐的节奏运动保持同样的动态、速度,会获得视听同一的效果。升降镜头擅长表现送别场面或用于片尾。

3）特技摄像

特技摄像是指用特殊的技法摄像从而产生特殊的画面效果，如倒拍、逐格拍摄、叠化、透视合成等。特技摄像可以丰富和扩展MV的画面语言和表现力，使画面表达越来越细腻。特技摄像包括镜头操作特技、镜前加工特技和特殊效果镜特技。MV中使用特技摄像也比较普遍。迈克尔·杰克逊的MV作品《黑与白》（Black or White）是最早使用三维特技进行摄制的。

MV中要将特技镜头和其他镜头自然有机地联系起来，使其成为一个和谐的整体，共同完成人物的塑造和主题的表达，不能牵强附会地使用特技镜头。

4）运动摄像与音乐节奏的协调

MV摄像的特征是在现场一边放音乐一边跟着节奏旋律进行拍摄，歌手在画面中一边歌唱一边表演，有时还要在音乐的伴奏下进行故事情节的表演，这给运动摄像带来了更高的要求。前面我们提到，MV中音乐为主，画面为辅，因此MV的画面要配合音乐，镜头运动以及摄像机位的运动都必须遵循音乐的律动规律。摄像师在拍摄每个镜头的时候，要做到镜头为音乐服务。

MV作品比传统的影视或者新闻节目更加灵活、风格千变万化，因此传统的摄像技法很难准确表达MV的节奏和旋律。MV的摄像镜头必须根据音乐的节奏、音色、旋律的起落来设计拍摄技巧，这就要求摄像师拍摄时要根据音乐和现场情况灵活处理。

5）MV过渡段落的处理

MV作品结构一般包含前奏、主体、间奏和结尾四个部分，不同部分在摄像创作过程中处理的方式是不同的。四个部分之间的过渡衔接也需要自然和谐。过渡段落在整个音乐电视结构中应该遵循全片的逻辑线索，不能游离于片子之外。过渡镜头可能是相对独立的，但当与前后镜头编辑在一起时，就成为一个有机的整体。MV音乐作品的过门或华彩乐段，是摄像镜头过渡或转折的标志。MV中利用蒙太奇也可以作为过渡段落的处理技巧。利用过渡段落可以处理某些需要含蓄表达的场面，有的过渡段落也可以用来处理影片的张弛节奏关系。

一般来说，摄像师在拍摄MV时应该拍摄一些过渡素材，以备后期剪辑使用。过渡素材通常包含一些空镜头，如蓝天、白云、花草、树木、朝霞、夕阳、大海、草原等和音乐主题相关或有利于情绪渲染的场景，或者是一些熙熙攘攘的闹市、成群的飞鸟等。

蒙太奇是指电影/电视画面的组织安排及其产生的效果，即将各种镜头（画面）依一定的逻辑和时空重新组织起来。从原理上说，蒙太奇思维从写作剧本（文本）就已开始，再由导演与摄影、演员、美术设计、录音、作曲和剪辑等创作人员来共同完成。但对MV来说，蒙太奇创作特点是编导对现实生活和音乐作品作双重的观察、分析和概括后所采取的一种特殊的艺术构思活动。与常规影视画面的创作不同，MV的画面创作需要将可见的画面（包括表演动作、机位运动、造型设计、光影构图、色彩运用等）和可闻的声音（包括歌声、器乐声、各种音响等）作为等同的表现元素，在两者的基础上进行构思、设计和组合。

MV的蒙太奇创作,其一切表现元素(包括画面)最终是为了音乐的呈现,也就是为了强化音乐的艺术感染力。

 ## 18.6　微电影摄像

1. 微电影的定义

微电影是指专门运用在各种新媒体平台上播放的、适合在移动状态和短时休闲状态下观看的、具有完整策划和系统制作体系支持的具有完整故事情节的"微时"放映、"微周期制作"和"微规模投资"的视频短片,内容融合了幽默搞怪、时尚潮流、公益教育、商业定制等主题,可以单独成篇,也可系列成剧。它具备电影的所有要素:时间、地点、人物、主题和故事情节。

微电影摄像就是为微电影制作进行前期拍摄,搜集微电影素材服务的。随着影视技术突飞猛进,影视设备的购置成本大幅降低,技术壁垒越来越低,甚至用照相机、手机就可以拍摄微电影。与电影的巨大投资相比,微电影不论是在拍摄设备、资金、团队、流程等方面都有较低的要求,非电影专业人士也可以进行拍摄制作并发布,这也正是微电影能够发展壮大的直接驱动力。

2. 微电影摄像

微电影的创作虽然不像电影那么复杂,但一般也包括以下七个阶段:前期筹划、剧本讨论以及定稿、拍摄筹备(导演、摄影、美术、演职人员、分镜头等工作)、拍摄(各岗位的现场工作、摄影构图、灯光设计)、配音、剪辑(初剪、音乐的选择、剪辑点的选择)和发布(发行)。因为本书不是专门讨论微电影的整个创作,只在拍摄筹备和摄像环节进行重点讲解。

1)微电影拍摄筹备工作

微电影拍摄筹备工作主要分为两个部分:一是确定导演,熟悉剧本,收集构思、分镜头、摄影和美术设计等;二是准备器材、熟悉拍摄场景、了解演职人员等。前一部分是思想准备和构思设计,是摄像师进行艺术创作的前提,后一部分是组织实施,是摄像工作能够顺利进行和圆满完成的保证。

下面简单介绍一下导演这个职业。

导演,是指制作影视作品的组织者和领导者,是用演员表达自己思想的人,是把影视文学剧本搬上荧屏的总负责人。作为影视创作中各种艺术元素的综合者,导演的任务是:组织和团结剧组内所有的创作人员、技术人员和演出人员,发挥他们的才能,使众人的创造性劳动融为一体。导演的创作以影视文学剧本为基础,运用蒙太奇思维进行艺术构思,编写分镜头剧本和"导演阐述",包括对文学剧本的构思,对导演影视作品主题意念的把握、人物的描写、场面的调度,以及时空结构、声画造型和艺术样式的确定等。然后物色和选择演员。并根据具体构思,对摄影、演员、美术设计、录音、作曲等创作部门提出要求,组织主要创作人员研究有关资料,分析剧本,集中和统一创作意图,确定影视作品总的创作计划。导演还要按照制片部门安排的摄制计划,领导现场拍摄和各项后期工作,直到影视作品全部摄制完成为止。

分镜头稿本,就是拍摄剧本,前面已有所介绍。此时的剧本已将整个微电影剧情彻底分解为一个接一个的具体镜头。具体内容包括:选用哪一种景别(远景、全景、中景、近景、特写)、拍摄角度、环境氛围、被摄主体的运动、摄像机的运动等。拍摄剧本,其实也是拍摄指令,摄制人员根据它可以方便拍摄,可以将在同一景地拍摄的镜头或同一批演员演出的镜头集中到一起拍摄,而不管他们在剧本总的顺序和剧情需要的最终位置,这时不仅要估计所需的拍摄时间,还要列出该拍摄环节所需要的设备和人员情况。下面是一份比较完整的拍摄进程表。

表18-1 微电影拍摄进程安排表

	镜 头	编 号	音 效	备 注
拍摄时间				
拍摄场景				
出境演员				
所需设备				
注意事项				

在微电影开机拍摄前,摄像器材、装备的准备工作也很重要。所有的摄像器材要随身携带,并对所有可能出现的意外情况作出估计。比如,室外拍摄时的照明设备是否需要,拍摄雨天的镜头时雨具的准备等。

在熟悉拍摄剧本后,要根据拍摄场地相关情况,列出一份器材清单,如摄像清单、照明清单、音响清单等。比如,一份这样的摄像清单可以帮助摄像师不会遗漏需要的器材:摄像机、镜头(长焦、广角)、三脚架、云台、电池、充电器、存储卡、视音频连接线、肩托、拍摄轨道……

总之,要做好相应的一切准备,才能在开机拍摄后不会受到影响。

2)拍摄技巧

微电影的拍摄与上述前面几个专题在拍摄上没有太大差别,无非是运用固定镜头、运动镜头等进行拍摄,但是不同的是,微电影要运用蒙太奇手法进行剪辑,因此拍摄的时候要兼顾不同镜头之间的组接,要有剪辑意识。在不同类型的微电影中,根据剧情有不同的场景和活动,拍摄时要注意以下几点:

拍摄一般性的集体人物活动时,多用全景,以大场景拍摄为主,运用摇镜头表现人物群体的情况,避免无明确目的的摇镜头。如果从集体人物拍到电影主角时,用推镜头,最后的落幅在主角身上。

如果微电影中有舞台表演类的镜头时,除了运用推、拉、摇、移、跟等运动镜头以外,还可以用固定镜头从观众的视角去表达;在使用跟镜头拍摄过程中应该根据表演者的动作提前猜测表演者下一步举动,如预测下一步会走到哪里,表演接下来会出现哪些重要镜头等,只有提前估测镜头才能跟准。

微电影中如有体育竞技类的镜头,通常需要运用推、拉、摇、移、跟等多种运动镜头,在表现体育比赛的场景时,可以使用急推急拉的方式,以展示场面的紧张激烈。

微电影中如果有类似生日聚会或场景聚会的场景时,不要只在一个地方或从一个角度拍摄,要根据微电影剧本和场面调度的需要,在不同位置进行拍摄;如果电影中有多个人物角色且呈现静止状态,此时摄像机应该移动,使角色从画面中依次划过,给观众一种巡视现场的视觉效果。如果电影中的人物角色在运动,摄像机应该跟随拍摄,给观众一种跟随的视觉效果。

微电影中有婚礼等活动场景时,主要以全景和中景、近景拍摄为主,采用跟镜头和摇镜头表达婚礼剧情的现场,构图时让新郎、新娘位于画面黄金分割线处。

如果拍摄电影中主角的特写镜头,应该准确,尤其是要抓住人物情感流露的瞬间,构图上经常将眼睛放在黄金分割线上,让人物头部充满画面。

3)场面调度

场面调度,原来是戏剧艺术的专业术语,影视艺术发展起来以后,也都借鉴戏剧艺术场面调度的经验和做法,并依据影视艺术自身的优势和特点将其不断丰富和发展,形成具有影视艺术自身特点的场面调度。

就微电影来说,场面调度是指演员的位置、动作、行动路线和摄像机机位、拍摄角度、拍摄距离和运动方式。场面调度的方法有多种,常见的如纵深场面调度、重复性场面调度、对比性场面调度、象征性场面调度等。场面调度包括人物调度和镜头调度两个方面,借助于摄像机镜头所包含的画面范围、摄像机的机位、角度和运动方式等,对画框内所要表现的对象加以调度和拍摄。

人物调度是通过人物的位置安排、运动设计、相互交流时的动态与静态的变化等造成不同的画面造型。镜头调度是指摄制人员运用不同的拍摄方向,如正面、侧面、背面等;不同的拍摄角度,如平拍、斜拍、仰拍、俯拍等;不同的景别,如远景、全景、中景、近景和特写等;不同的镜头运动,如推、拉、摇、移、跟、升降等方式,以求获得不用视角、不同文化视阈的画面,表现所拍的内容和作者的意图。

以镜头调度为基础,结合特定范围的人物调度,使得摄像机和被摄对象可以同时处于运动状态,被拍摄的时、空客体得以连续不间断地表现,从而构成了微电影的场面调度。

📑 思考与练习

一、简答题

1. 纪实性专题的摄像技巧有哪些?

2. 新闻性专题的摄像技巧有哪些?

3. 广告性专题的摄像技巧有哪些?

4. 科普性专题的摄像技巧有哪些?

5. MV 的摄像技巧有哪些?

6. 微电影的摄像技巧有哪些?

二、名词解释

1. 场面调度

2. 人物调度

三、实践题

选择本章所讲的六个专题中的一个,以小组为单位,写好分镜头稿本,进行拍摄创作。

参考文献

［1］ 第一视觉影像机构.数码单反摄影圣经［M］.北京：清华大学出版社,2013.

［2］ 高亨.墨经校诠（经说下）［M］.科学出版社,1958.

［3］ 韩程伟.摄影艺术与技法［M］.杭州：浙江大学出版社,2005.

［4］ 雷依里,郑毅.单反摄影宝典［M］.北京：中国水利水电出版社,2012.

［5］ 美国纽约摄影学院.美国纽约摄影学院摄影教材［M］.中国摄影出版社,2000.

［6］ 摄像构图技法——摄像构图的特点［DB/OL］,https：//wenku.baidu.com/view/ e34c29f6f90f76c661371a9b.html.2012-03-08./2020-6-12.

［7］ 盛军.多机位拍摄动态人物的布光方法［J］.数码影像时代,2013,（02）：48-51.

［8］ 王济军,宋灵青.数码摄影艺术与技法［M］.天津：天津社会科学院出版社,2017.

［9］ 影视工业网,摄像的构图特点是什么［DB/OL］,https：//107cine.com/stream/ entry/16789.2013-06-24/2020-6-10.

［10］ 詹青龙,袁东斌,刘光勇.数字摄影与摄像［M］.北京：清华大学出版社,2011.

［11］ 周毅.电视摄像艺术新论［M］.北京：中国广播电视出版社,2005.

［12］ 祝传鹏.镜头的运动形式分析［J］.群文天地,2011,（08）：95+97.